The Era of Safety Management

안전관리의
시대

The Era of Safety Management

안전관리의 시대

송석진 지음

이담북스

현장 중심 안전관리가 필요한 시대

세상이 급변하고 있다. 그동안 인류가 상상하던 이상의 빠른 과학 기술 혁명이 이루어지고 있다. 인공지능(AI), 로봇, 사물인터넷(IoT), 자율주행과 드론, 나노기술, 생명공학, 에너지 변환 기술 등 폭넓은 분야에서 새로운 과학 기술이 등장했고, 진화하는 중이다.

새로운 비즈니스 모델의 등장과 기존 시스템의 파괴, 그리고 생산과 소비, 운송과 배달 시스템의 재편으로 산업 전반에 거대한 변화가 일어나고 있다.[1] 공장 자동화로 생산 속도는 빨라지고, 운영관리의 복잡성도 점점 증가하고 있다. 또한, 기존 도시 환경의 대응, 건설 기술과 장비 기술의 발달로 건축물은 높아지고, 공사 기간도 빨라졌다. 대중교통과 시설도 무인화, 고속화와 더불어 점점 지하로 깊어지고 있다.

이러한 과학 기술의 발달은 대부분 생산성과 효율성을 높이기 위한 노력이다. 생산의 유용성과 효율성의 중심에는 이와 관련한 위험을 의도적 또는 비의도적으로 무시하는 경향이 있다. 생산을 위한 기술과 과학의 위해들은 사후적으로 고려하거나 전혀 고려하지 않는 경우도 흔하다.[2] 사고가 발생해야 그 대응책을 찾는 경우가 일반화되고 있다. 일상과 산업의 변화에 따른 위험의 증가가 감소보다 빠르게 진행하고 있다. 오늘날 산업현장은 과학 기술 발달에 의한 새로운 사고와 과거부터 이어져 온 재래형 재해가 공존한다. 그래서 안전관리는 점점 힘들고 어려워지고 있다. 이러한 시대에 어떻게 안전관리를 잘할 수 있을까?

우리나라는 매년 2,000명 이상이 산업재해로 목숨을 잃는다. 이 중 업무상 사고로 800명 이상이 사망한다. 왜 이토록 많은 사고가 발생하는가? 사고의 발생 원인은 무엇인가? 다른 선진국에 비해 산재 사망자가 많이 발생하는 이유가 있는가? 이 문제에 대한 확증이나 논증 없이 사고 예방 대책을 논의하는 것이 논리적 모순일 수 있다. 산업현장에서 발생하는 대부분의 사망사고는 이면에 있는 원인이 잘 파악되지 않는다. 하지만 주로 어디서 발생하고 무엇이 직접적인 문제인지는 대부분 알 수 있다. 선진국에 비해 사고가 다발하는 대한민국만의 이유도 있다. 1960년대부터 성장 위주 정책과 산업육성으로 생명과 안전의 가치가 뒷전으로 밀렸다. 계층적 구조의 관행과 보여주기식 문화로 인해 만들어지는 여러 가지 병폐도 있다. 최근에는 산재 사망사고도 업종과 공종, 장소를 불문 너무나 파편화하여 발생하는 경향도 있다. 이러한 때에 어떻게 안전관리를 잘할 수 있을까?

우리나라는 개화기를 거쳐 일제강점기에 광산과 군수품을 생산하는 공장 중심의 공업화가 이루어졌다고 할 수 있다. 열악한 작업환경 속에서 사망사고가 다수 발생했다. 미군정을 거치면서 안전보건을 노동환경의 부분으로 다루었고, 이후 1953년 근로기준법에서 산업안전에 관한 내용을 최초로 규제하기 시작했다.

한편, 정부 조직은 1981년에 이르러서야 행정조직(노동부)으로서의 모습을 갖추게 되었고, 그해 말 산업안전보건법을 제정하였다. 이러한 노력에도 지속 발생하는 산업재해를 국가 차원에서 종합적이고 전문적으로 예방하기 위해 1987년 공공 안전보건 전문기관을 만들었다.

이로써 외형적인 재해 예방 체계는 갖추어졌고, 다양한 안전 정책과 활동이 이어졌다. 그러나 1960년대부터 성장을 우선하는 사회 분위기는 여전히 만연했다. 1997년에는 외환위기를 맞았다. 기업은 안전 투자를 줄였고, 정부는 법의 규제도 완화했다. 작업장의 안전관리를 전담하던 안전관리자도 직접고용에서 외부 용역으로 돌렸다(특히, 건설업 중심). 모든 부문에 있어 안전보건 관리가 퇴보했다.

사회 전반의 성장 우선은 산업재해를 증가하게 하였고, 오히려 국가경쟁력 강화에 바람직하지 않은 결과를 초래했다. 세월호 침몰 사고, 병원과 냉동·물류창고 화재 사고가 연이어 발생했다. 정부와 국회는 산업재해 증가에 영향을 준 법적 의무 사항을 복원했고, 사회 분위기를 반영해 더 강력한 중대재해처벌법을 만들었다. 이 법은 기존의 1:1 안전관리에서 1:多 안전관리로의 전환을 요구하는 OSHMS 개념의 안전보건 관리체계를 포함시켰다.

국제 표준화기구는 지루한 논란 끝에 2018년 ISO[1] 45001이라는 OSHMS 국제규격을 제정하였다. 왜 일부 학자들이 주장한 '안전의 시대'[2] 중 1980년대

---

1 국제 표준화기구(International Organization for Standardization): 상품과 서비스의 국제적 교환을 촉진하고, 지적·과학적·기술적·경제적 활동 분야에서의 협력 증진을 위하여 세계적 표준과 관련 활동의 발전을 촉진할 목적으로 설립된 국가규격기관의 세계적 연맹이다.

2 Hale과 Hovden(1998) 교수가 산업 안전보건이 세 가지 '안전의 시대'를 통해 발전하고 진화했다고 주장했다. 첫 번째 '기술 시대', 두 번째 '인적 요인 시대', 세 번째 '관리시스템 시대'라고 했다. 이후 Glendon(2006)이 네 번째를 '융합 시대'라고 했고, Borys(2009)가 다섯 번째 '적응 시대'라고 주장했다.

후반부터 중심이 된 관리시스템을 그제야 국제규격화하였겠는가? 필자는 그 이유를 두 가지 정도로 요약해 본다.

첫째, OSHMS가 산업현장에 체화하기 쉽기 때문이다. 최근 안전에 대두되고 있는 안전 탄력성(resilience), 마음 챙김(mindfulness) 등은 전체 산업현장에 일반화하기가 어렵고, 특정 산업이나 조직에 더 필요하고 적합하다. 반면 OSHMS는 안전관리의 기본 틀을 제공한다. 국내 산업현장의 안전 성과를 빠르고 쉽게 달성할 수 있도록 한다.

둘째, OSHMS가 진화하고 있기 때문이다. 최근의 OSHMS는 문화적 요소를 포함하고, 기업 상황과 작업환경 등의 변동성까지 반영하는 단계까지 고도화하였다. 이러한 이유가 OSHMS를 기업 안전관리의 중심으로 들어오게 했다.

이 책은 산업현장 사고를 예방하기 위한 실체적인 접근방법인 OSHMS에 대해 논의한다. 책은 전체를 3부로 구성했다. 제1부에서는 국내 산업안전의 역사와 산업현장의 안전수준에 대해 알아본다. 제2부에서는 사고모델과 재해예방 기술의 한계에 대해 알아보고 OSHMS의 필요성과 구성도 설명한다. 마지막 제3부에서는 OSHMS를 구축·운영하는 방법과 시스템의 평가, 안전관리의 효과성을 높일 방법도 알아본다.

이 책은 저자가 그간의 안전 전문기관에서의 업무 경험을 통해 산업현장의 사망사고 예방을 위한 최근 현실을 반영한 생각이다. OSHMS의 필요성과 중요성에 관한 책이기도 하다. OSHMS는 개별 기업의 안전관리 역량이 무엇보다 중요해진 시대의 기본 틀이다. OSHMS를 기반으로 최일선 현장 작업자가 작업의 변동성에 대한 의사결정도 할 수 있어야 한다. 그렇다고 모든 사업장이 OSHMS를 구축·운영해야 한다는 주장은 아니다. 사업장의 규모와 특성에 따라 다른 방식의 안전관리 수단이 필요할 수 있다. 대기업과 중소기업이 다르고, 철강산업과 전자산업이 다르다. 각 기업의 특성을 반영한 안전관리가 필요하다. 오늘날의 빠른 기술변화 속도, 산업 설비의 꾸준한 증가, 시스템의 고도화된 융합과 결합, 매우 공격적이고 경쟁적인 기업 환경에서 무엇보다 중요한 것은 최일선 작업자가 안전할 수 있도록 현장이 안전해지는 것이다. 미력하나마 이 책이 안전한 작업 현장을 만들려고 하는 의지와 노력을 끌어내는 데 도움이 되었으면 한다.

저자 송석진

목차

안전관리의 시대

제2장 ··· 산업안전의 현주소

|제II부|
왜, OSHMS를 해야 하는가?

제1장 … 사고모델과 한계

제2장 … OSHMS의 필요성

제3장 … OSHMS의 구성

제 I 부

무엇이
잘못되었는가?

제1장

산업안전의 역사

□ 제도의 태동

예측이 아니라 준비성에 투자하라.
– 나심 탈레브^{Nassim Nicholas Taleb} –

18세기 산업혁명이 시작된 이래 과학 기술의 발전과 더불어 인간의 삶은 획기적으로 변화하였다. 산업혁명은 농업 중심의 농경사회에서 공업사회로의 전환을 이뤘다. 교통의 속도는 수십 배가 빨라졌고, 다른 나라로 이동이 편리해졌다. 모든 산업과 기술의 발달로 인간의 생활은 윤택해지고 외관적인 삶의 질은 좋아졌다. 반면 산업혁명의 시작으로 탄광, 직물, 철도 등의 산업이 발달하면서 예전에 없었던 재해의 유형이 새로이 생겨났다. 산업화와 근대화에 의한 산업재해가 탄생하게 되었고, 현대까지 신산업 탄생에 따른 새로운 재해가 지속 발생하고 있다.

우리나라는 개화기와 일제강점기를 거치며, 광산과 공장 중심의 공업화가 이루어짐에 따라 산업재해가 발생하기 시작했다. 조선총독부 식산국 조선광업의 1938년 자료에 따르면 1930년 광산재해건수 2,812건 사상자 3,052명(사망 76명)이 발생하였고, 1938년에는 재해건수 9,571건(3.4배), 사상자 9,631명(3.2배)

사망자 366명(4.8배)으로 대폭 증가했을 정도로 작업환경이 열악했다.[1]

1945년 해방 이후부터 1948년 제헌 국회와 초대 대통령이 선출되기까지 정치는 좌우로 나뉘어져 사회 혼란 상태가 지속되었다. 경제적으로도 패전에 따른 일본의 철수와 한반도의 분단으로 인해 어려움이 가중되었다.[2] 산업현장에서는 노동환경의 악화로 인한 노동조합의 결성[3]과 노동쟁의가 발생[4]하면서 사업장에서 근로자 노동환경의 중요성과 관련 법률 제정의 필요성을 인식하게 되었다. 이때부터 미군정 법령에서 노동환경의 일부인 안전보건에 관한 부분을 다루기 시작했다.

미군정¹은 1946년 9월 18일 군정법령 제112호「아동노동 법규」와 같은 해 11월 7일 군정법령 제121호로 근로자 보호법인「최고노동시간법(Regulation on Maximum Working Hours)」을 제정하였고, 과도정부 제4호 법령으로「미성년자 노동보호법」을 제정하여 아동 고용에 일정한 제한을 두는 등 근로자의 안전보건에 관해 규율을 하였다. 이 법령은 1953년「근로기준법」을 제정하면서 같은 법 부칙에 따라 폐지하였다.[5]

〈표 1-1〉 미군정 안전보건 관련 법령[6]

법령 명칭	주 요 내 용
법령 제112호 (1946.9.18.공포): 아동노동 법규	• 취업금지 연령을 구분하여 규정하고, 최대 노동시간 제한을 규정 • 18세 미만 아동의 근로계약은 6개월을 초과하지 못하며, 21세 미만 아동의 병고는 계약 해지 사유가 안 됨 • 16세 미만 아동에게 매주 교육과 오락을 위한 시간 부여 • 비근무일, 휴일, 비근무 시간에 기숙사, 공장, 기타 일정한 장소 또는 지역에 체재하도록 요구 금지

---

1 광복 이후 1945년 9월 9일부터 1948년 8월 15일까지 38도선 이하 한반도를 통치했던 기구 또는 그 시기를 가리킨다.

법령 명칭	주요 내용
법령 제112호 (1946.9.18.공포): 아동노동 법규	• 18세 미만 아동은 고용될 때와 그 후 6개월마다 의사와 치과의사의 신체검사를 받아야 하고 비용은 고용주가 부담 • 21세 미만 아동 고용 관련, 행정당국이 발행한 고용 증명서를 발부받아 보관하여야 하며, 관계 당국은 연령 증명을 추가로 요구 가능
법령 제121호 (1946.11.7. 공포, 10일 후 시행): 최고노동시간	• 노동자의 건강, 능률, 일반 복지를 유지·보호하기 위하여 최고노동시간 규정 및 제한 • 법정노동시간은 특정한 경우에는 적용하지 않으며, 비상사태가 계속되는 경우 최고노동시간 규정을 정지할 수 있음. 다만, 매 60시간 초과 작업자에 대해서 기본급의 15할 비율로 계산한 수당금 지불 • 고용주, 피용인, 급료, 작업일, 작업 시간에 관한 정의를 별도 규정 　- 급료란 식사, 숙소, 기타의 편의가 관례적으로 피용인에게 공급될 시 공급되는 식사 등에 관한 상당한 비용을 포함 　- 작업 시간이라 함은 (식사, 휴게 시간 제외) 작업이 실제로 실행되는지를 막론하고, 고용주의 지시에 의하여 고용된 장소에 피용인이 재석한 모든 시간, 일정한 작업장소가 지정된 경우 노동 등을 위해 그 작업장소에서 외지 장소로 피용인을 운송하는 시간, 평상의 작업장소에서 외지 장소에 작업하기 위하여 출두함에 필요한 시간 포함
미성년자 노동보호법 (남조선 과도입법의원 법률 제4호, 1947.5.16. 제정, 1947.6.15. 시행)	• 미성년자를 유해·위험한 작업, 과중한 노동으로부터 보호하기 위한 것이며, 미성년자는 18세 미만 남녀를 말함 • 연령별 고용·노동의 금지, 제한, 노동시간 제한을 규정 • 미성년자에게 과중한 노동의 부과를 금지하며, 신체 발육에 유의한 적당한 휴식을 허용해야 함. 특히, 야간·잔업 노동 금지 • 미성년자를 대상으로 한 일체의 고용계약(단체협약 포함)은 허가를 받아야 하며, 계약 기한은 1년 이내로 하되 갱신 시 재허가를 받아야 함. 감독기관은 고용허가신청서를 교부 • 고용자는 일반적 관리의무, 신체검사와 의료, 병고 휴일과 임신 분만 및 수유에 관한 권리, 교육 보건 오락 실시 의무를 부과

최초 산업안전 법령

우리나라 산업안전보건에 관한 법은 「근로기준법」으로부터 태동했다. 근로

기준법은 1953년 5월 10일 법률 제286호로 제정되고 공포된 우리나라 최초의 노동법이다. 이 법은 1948년 7월 17일 제1공화국 헌법에서 '근로조건의 기준은 법률로써 정하고, 여자와 연소자의 근로자는 특별보호를 받는다.'에 근거를 두고 근로자와 근로조건 기준을 정함으로써 근로자의 기본적 생활을 보장 · 향상시키며 균형 있는 국민경제 발전 기함을 목적으로 하였다.[7]

이 법에서는 사업장의 기계 · 기구 · 설비와 작업환경 등에 관하여 일정 기준을 정하고 안전관리자와 보건관리자를 두도록 하는 등 해당 법 제6장에 안전보건에 관한 10개 조항을 규정하였다. 그 내용은 제64조(위험방지), 제65조(안전장치), 제66조(특히 위험작업), 제67조(유해물), 제68조(위험작업의 취업제한), 제69조(안전보건교육), 제70조(병자의 취업금지), 제71조(건강진단), 제72조(안전관리자와 보건관리자), 제73조(감독상의 행정조치)로 구성하였고, 산업재해 발생을 예방하기 위하여 사업주로 하여금 그 준수를 강제하였다. 이후 근로기준법의 8차에 걸친 개정에도 불구하고 산업안전과 보건에 관한 항목은 전혀 개정이 이루어지지 않았다.

1960년대 본격적인 산업화 추진으로 산업재해 발생이 급격히 증가함에 따라 사업장에서 안전보건에 관한 관심이 높아지기 시작하였다. 이러한 상황에서 정부는 1961년 9월 11일에는 '근로보건규칙'을 공포하였고, 1962년 5월 7일 '근로안전규칙'을 공포하여 안전 · 보건 관리업무를 구체적으로 명문화하였다. 이 규칙들을 1969년 11월 10일 각각의 규정인 대통령령으로 개정하였다.

1963년 11월 5일에는 근로자의 업무상 재해를 신속하고 공정하게 보상하고 근로자 보호에 기여함을 목적으로 하는 「산업재해보상보험법」을 법률 제1438호로 공포하였다. 이때부터 산업재해에 대한 무과실책임주의와 사회보험 방식이라는 특징이 서서히 확정되었다.[8]

산업안전보건법 제정

근로기준법과 근로안전규칙, 근로보건규칙의 마련에도 산업현장에서의 법 준수는 미미한 수준이었고, 정부는 경제성장에 집중함으로써 산업재해예방 정책은 없는 것이나 마찬가지였다. 이러한 환경 속에서 산업재해는 증가할 수밖에 없었다. 1965년에는 산업재해율[2]이 5.91%까지 치솟았다. 1966년에는 1만 명이 넘는 13,024건의 산업재해가 발생했다.[9] 이후에도 지속으로 대형 사고와 직업성 질병이 발생하였다. 그로 인해 사업장에서도 점차 산업안전보건의 중요성이 대두되기 시작했다. 이러한 분위기 속에서 1977년 11월 11일 이리역[3]에서 화약 등에 의한 폭발 사고로 1,402명[4]의 사상자가 발생했다. 이를 계기로 계속된 논의 끝에 1981년 11월 29일 국회 보건사회위원회 소속 김집 의원 외 35인이 「산업안전보건법」을 발의하였고, 같은 해 12월 18일 본회의 통과 후 1981년 12월 31일 「산업안전보건법」을 제정하여 공포하였다. 산업안전보건법의 제정 취지와 요지는 다음과 같았다.

〈표 1-2〉 산업안전보건법 제정 취지

중화학공업의 추진 등 급격한 산업화에 따라 위험한 기계 기구의 사용 증가, 새로운 공법의 채용 등에 의한 산업재해의 대형화와 빈발, 유해 물질의 대량 사용과 작업환경의 다양화에 따른 직업병의 발생 증가에 효율적으로 대처하기 위하여 적극적·종합적인 산업안전보건 관리에 필요한 위험방지 기준을 확립하고 사업장 내 안전보건 관리 체제를 명확히 함과 동시에 사업주와 전문단체의 자율적 활동을 촉진함으로써 산업재해를

---

2 재해율(%) = $\frac{\text{재해자수}}{\text{근로자수}} \times 100$

3 1995년 9월 1일부터 명칭이 익산역으로 바뀌었다.

4 이리역에서 고성능 폭발물을 싣고 정차하던 화물열차가 폭발하여 사망자 59명, 부상자 1,343명이 발생했다.

효율적으로 예방하고 쾌적한 작업환경을 조성하여 근로자의 안전, 보건을 증진 · 향상하게 하려는 것이다.

① 산업재해예방을 위한 사업주, 근로자의 기본적 의무를 명시함
② 노동부에 산업안전보건정책심의위원회를 두어 산업재해예방에 관한 주요 정책을 심의 조정하도록 함
③ 유해 위험성이 있는 사업에는 안전보건 관리책임자와 안전관리자, 보건관리자를 선임하게 하고 안전보건위원회를 설치하도록 하며 안전보건관계자와 근로자에 대한 안전보건교육을 실시하도록 함
④ 작업환경이 인체에 해로운 작업장에 대해서는 작업환경을 측정 기록하고, 근로자에 대한 건강진단을 실시하게 함
⑤ 산업재해예방시설의 종류와 설치, 운영방법 및 정부의 지원육성방안을 정하고 산업재해예방에 관한 과학기술의 진흥과 연구개발을 추진하여 그 성과를 보급할 수 있도록 함

제정된 산업안전보건법은 제1장 총칙에서부터 제7장 벌칙까지 48개 조문으로 구성하였다. 그러나 이러한 산업안전보건법 제정 이후에도 산업안전에 관심이 없었고, 그 결과로 약 8년 동안 단 한 차례도 법 개정이 이루어지지 않았다. 그러던 중 한국산업안전보건공단이 1987년 12월 9일 설립하면서 본격적으로 산업재해예방을 위한 사업과 제도의 정비를 시작했다. 공단 설립 후 약 2년간 외국 선진국의 법과 산업안전보건 제도 조사 등을 통해 1990년 1월 13일 산업안전보건법의 전부개정이 이루어졌다. 1차 전부개정은 제1장 총칙에서부터 제9장 벌칙까지 72개 조문으로 이루어졌다. 산업안전보건법은 2021년 5월까지 총 42번의 개정이 이루어졌다. 전부개정 2회, 타법에 따른 개정 20회, 일부개정 20회이다.

최근의 산업안전보건법 전부개정은 2019년 1월 15일에 이루어졌다. 명목상 배경은 산업재해로 인한 사고사망자 수가 독일 등 선진국의 2~3배 수준인 연간 천여 명이 발생하고 있어 5가지 이유를 들어 전부개정을 하였다.

① 다양한 고용 형태의 노무 제공자 보호 대상 포함

② 도급인의 산업재해예방 책임 강화

③ 도금 작업 등 유해 · 위험 작업 도급 금지

④ 유해 · 위험한 화학물질 정보제공 신뢰성 강화

⑤ 국민이 이해하기 쉽도록 체계적으로 정비

이 법은 장 · 절을 새롭게 구분하여 세분화하고, 하위 법령을 법률로 상향하며, 법률의 위임 근거를 명확하게 하는 등 법조문을 전면 재배열하였다. 애초 9장 136개 조문에서 12장 15절 175개 조문으로 개정했다.

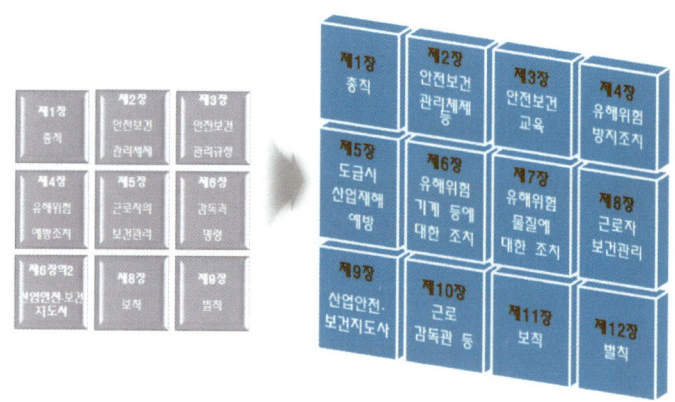

〈그림 1–1〉 2019년 산업안전보건법 체계 개편

산업안전 규제 완화와 복원

1970년대부터 1980년대 우리나라를 비롯한 동남아시아 국가들의 경제성장이 빨랐다. 1990년대에는 많은 외국자본이 아시아로 흘러들어왔다. 우리나라도 금융 자유화와 금융 시장 개방 등으로 인해 많은 외국자본이 빠르게 늘어났다. 그런데 1997년도에 태국, 홍콩, 말레이시아, 필리핀, 인도네시아 등 동남아시아 국가들의 경제가 어려워졌고 외국자본이 빠져나갔다. 이러한 동남아시아의 연쇄적 외환위기 속에서 우리나라도 많은 기업이 부도처리 되거나 법정관리 대상이 되었다. 그동안 잠재하고 있던 리스크(금융기관의 부실, 부정부패, 무역수지 지속적자 등)와 정부의 외환 관리 정책의 미숙과 실패로 인해 1997년 11월 21일 국제통화기금(IMF)에 구제금융을 신청했다. 실업률의 증가, 금리와 물가 상승 등 혹독한 상황 속에서 전 국민의 노력에 힘입어 그날로부터 3년 8개월 후인 2001년 8월 23일 IMF 구제금융 195억 달러 전액을 상환하고 IMF 관리체계를 종식했다. IMF 관리체계는 정권교체, 근로자 해고 규제 완화, 금융시장의 전면 개방, 공공재의 민영화 등 많은 것에 영향을 끼쳤다.

1997년에 국내 경제 상황은 몹시 어려웠다. 대기업들이 줄도산하고, 중소기업은 자금난으로 폐업이 더욱 많아졌다. 기업에 부담으로 작용하는 것들에 대해 규제 완화라는 명목하에 제도가 폐지되거나 우선순위에서 밀렸다. 기업 활동의 탄력성과 융통성을 높이고, 이를 통한 기업 성장 발전을 도모함과 동시에 경제의 활성화에 목적을 두고 1993년 6월 11일 이미 제정된 「기업활동 규제완화에 관한 특별조치법」을 1997년 4월 10일 개정하였다. 정부는 1997년 4월 10일 개정한 법에서 산업안전보건법상 위험 기계·기구인 프레스와 리프트 정기검사 면제, 직무교육과 자체 검사원 교육 면제, 제조업 유해위험 방지계획서 제출면제 등의 내용을 포함하였다. 이후 산업재해의 급증에 따른 경제적 손실이 대폭 증가하여 오히려 국가경쟁력 강화에 역행하는 결과를 가져왔다. 2007년 8월 3일 정부에서는 그동안 완화했던 정기 검사 면제, 산업안전보건교육 면제와 제조업 유해위험 방지계획서 제출 의무 면제가 산업재해 증가에 결정적 영향을 준 것으로 판단하여 다시 복원하였다.

이후 2017년 5월 새 정부가 들어서면서 3대 악성 사고인 교통사고, 자살, 산업재해 사고사망 절반 줄이기를 국정 과제로 삼고 정부의 역량을 집중하였다. 그 일환으로 2020년 10월 20일 상시근로자 300인 이상 사업장도 안전관리자·보건관리자를 민간 재해예방기관에 위탁할 수 있도록 규정한 기업활동 규제완화에 관한 특별조치법 내용을 삭제하고 원래 산업안전보건법의 취지대로 복원했다. 개정된 기업활동 규제완화에 관한 특별조치법과 산업안전보건법에 따라 2021년 10월 20일부터 300인 이상 사업장은 그 업무를 전담하는 안전관리자, 보건관리자를 두어야 한다.

□ 전문기관의 탄생

규칙과 안전 매뉴얼은 사고의
공식적인 원인으로 인적 과실을
지목하는 것을 제도화한다.
— 제시 싱어[Jessie Singer] —

국내 안전 관련 전문기관의 탄생은 선진 외국과 마찬가지로 늘어나는 산업
재해에 대응하기 위함이다. 국내 산업안전과 관련된 기관은 크게 정부 · 공공기
관 · 민간 단체로 나눌 수 있다. 정부를 제외하면 공공기관은 한국산업안전보건
공단(KOSHA)이다. 민간 단체는 관련 협회와 재해예방전문기관, 안전보건교육
기관, 컨설팅 업체 등 그 유형과 종류, 규모가 다양하다.

〈표 1-3〉 5대 민간 분야 분류 및 특성[10]

연번	구분	유형	세부 내용
1	재해예방 전문기관	산업안전보건법 상 업무유형	• 고용노동부 지정 · 등록기관 * 안전 · 보건, 인증검사, 작업환경측정, 건강 진단, 교육, 석면조사 등 13개 유형 * 안전보건컨설팅 업무도 수행
2	민간 위탁기관	KOSHA 사업 수행	• 소규모 사업장 재해예방기술지원 수행 * KOSHA와 용역계약에 따라 분야별 수행
3	컨설팅기관	자율 설립	• 안전보건 관련 컨설팅 수행
4	학회	학술단체	• 안전보건 관련 학술단체(학회)

5	NGO	단체	• 노동조합 · 경영자 · 시민 단체 등 안전보건
			  관련 단체로서 국민 등에 대한 안전보건 의식
			  제고, 안전관리 활동 수행

위 표의 5대 민간 분야 중 직접적인 산재예방서비스를 수행하는 재해예방전문기관, 민간위탁기관 등은 총 2,200여 개소 정도이다. 안전보건과 연계된 집단지성인 학회와 NGO는 각각 14개로 분류할 수 있다.[11] 이 중 안전보건컨설팅을 수행하는 업체는 정확한 숫자조차 파악할 수 없다. 안전과 보건 지도사 업체까지 포함하면 아마도 수천 개소가 될 것이다.

외국의 전문기관 분포도 국내와 유사하다. 국내가 선진 외국과 조금 다른 것은 정부와 민간 사이에 공공기관이 존재한다는 것이다. 그 이유는 정부의 효율성과 민간의 효과성으로부터 비교적 자유로운 전문 공공기관을 위주로 산업안전보건을 선도하겠다는 과거 정부의 의지로부터 탄생했기 때문이다. 이때부터 본격적인 안전보건 활동을 시작했고, 현재까지 많은 성과를 거둔 것 또한 사실이다.

이 장에서는 정부 안전 조직을 비롯한 산업안전 관련 기관이나 단체가 탄생하게 된 배경과 어떻게 변화해 왔는지 설명하고자 한다.

정부 안전 조직의 변천

국제노동기구(ILO)[5]는 각 국가에서 안전보건 문제를 다루는 곳은 이해관계자가 아닌 노동을 담당하는 기관에서 하도록 권장하고 있다. 선진국의 경우 각 산업의 진흥을 담당하는 정부 부처가 아닌 노동 관련 부처 또는 독립된 정부 기관에서 안전보건을 관리 · 감독한다. 국내 산업안전보건 업무는 고용노동부에서 관장하고 있다.

---

5 ILO(International Labour Organization)는 노동 문제를 다루는 1919년 창립한 유엔의 전문기구로서 스위스 제네바에 본부를 두고 있다. 안전과 보건에 관한 문제도 노동 문제의 일환으로 다룬다. 우리나라는 1991년 12월에 152번째 회원국으로 가입했다. 산업안전보건 분야는 노사정 3자의 협의를 의무화하고 있다.

국가	안전보건 담당기관	비고
미국	산업안전보건청(OSHA)	노동부
영국	보건안전청(HSE)	노동연금부
독일	연방산업안전보건청(BAuA)	연방노동사회부(BMAS)
일본	후생노동성	
한국	고용노동부	

현재의 고용노동부는 1945년 9월 상무부 광공국 노동과로부터 시작했다. 이 듬해인 1946년 7월 군정법령 제97호에 따라 노동부로 승격 설치하였다. 1948년 11월 정부조직법에 따라 폐지된 노동부는 사회부로 변경되었다가 1955년 2월 17일 보건부와 통합되어 보건사회부 노동국으로 개편되었다. 이때 산업안전보건업무는 근로기준과에서 담당하였다.[13]

이후 1963년 8월 31일 정부조직법을 개정하면서 노동국은 보건사회부 외청인 노동청으로 승격 발족하였다. 1966년 12월 7일 노동청의 직제 개편으로 노정국 내에 산업안전과를 신설하여 산업안전보건 업무를 전담하게 하였다.

1977년 4월 28일에는 산업안전보건에 관한 연구개발과 직업 훈련 등을 위해 국제노동기구, 유엔개발계획(UNDP)과 협력사업으로 노동청 산하에 국립노동과학연구소를 설립하였다. 이 연구소는 1989년 2월 16일 그 기능을 한국산업안전보건공단 한국산업안전보건연구원으로 이관하였다.[14] 현재 연구소에서 이관한 업무는 범위를 더 확대하여 KOSHA 소속의 연구원과 인증원 등에서 수행하고 있다.

1979년 6월 4일에는 노동청의 직제 개편으로 종전의 '과' 단위에서 '국' 단위의 산업안전관을 신설했으나 1981년 4월 8일 노동청이 노동부로 승격하면서 1년 6개월 만에 폐지하였다.

1980년대에는 산업안전보건 행정 측면에서 노동부의 탄생과 지방노동 관서 근로감독관 배치를 통한 감독 기능 강화로 큰 발전을 이루었다. 1982년 12월 31일 근로감독관의 전문화와 자질 향상을 도모하기 위해 공무원 임용령을 개정하여 근로감독관 직렬을 신설하였고, 정원은 309명이었다. 1987년부터 서울, 부산, 광주, 대구, 인천, 대전 등 6개 지방노동사무소를 지방노동청으로 개칭하고, 그 소속으로 39개의 지방노동 관서를 두어 체계화하였다. 지방노동청과 지방노동 관서에는 산업안전보건업무를 전담하는 산업안전과를 두었으며, 산업안전 업무를 담당하는 근로감독관의 정원은 247명으로 점차 행정기구로서의 모습을 갖추게 되었다.

2010년 7월 5일 정부조직법에 따라 부처 명칭을 '고용노동부'로 변경했다. 문재인 정부 때 '산재사고사망 절반 줄이기' 국정 과제와 산재사고에 대한 국민적 관심으로 인해 조직을 확대하고 감독관 수를 점진적으로 늘렸다. 2024년 8월 현재, 고용노동부의 산업안전보건담당은 산업안전보건본부 내 2국 9개 과, 1개 팀에서 하고 있다. 지방조직은 30년 넘게 6개 지방노동청 조직구조를 유지하고 있고, 하부에 지청 40개소를 두고 있다. 산업안전 감독관은 800여 명[15]에 이른다.

민간 단체의 설립

1959년부터 한양대학교에서는 산업안전본부라는 조직을 만들었다. 산업안전본부는 안전관련 세미나 등의 계몽 활동도 전개하였다. 1964년 6월 한양대학교 본부는 보건사회부 산하 노동청에 사단법인 설립 인가를 신청하고 7월 6일 대한산업안전협회의 전신인 사단법인 대한산업안전본부의 설립을 정식으로 허가(보건사회부 허가 666호)받아 독립적 민간기구로 출범했다. 주요 업무는 회원사업, 교육사업, 안전관리 대행사업, 안전진단사업 등이었다.

1963년 6월에는 근로보건규칙 시행세칙에 따라 사업장 보건관리자와 보건관리요원에 대한 교육을 시작하였다. 1963년 11월 22일 그해 수료자(의사를 포함한 대학교수) 40명이 모여 대한산업보건협회를 발기했다. 이듬해 사단법인 대한산업보건협회 설립 인가를 신청하여 대한산업안전본부와 같은 날 허가(보건사회부 허가 667호)를 받았다. 주요 업무는 산업위생사업, 건강진단사업, 보건관리사업, 교육사업 등이었다.

위 두 협회의 출범을 필두로 정부 주도 산업안전보건 예방활동 한계 극복과 전문능력 담보를 위한 산업안전보건법의 개정에 따라 안전·보건 진단, 건강진단, 작업환경측정 등 업무 고유 특성에 맞는 민간재해예방기관들이 신규로 설립 인가를 획득했다. 대학에서도 안전·보건과 관련된 학과가 만들어지고, 대학교수의 주도하에 관련 학회, 노동자 단체를 포함한 NGO 단체들에서 산업안전과 보건을 챙기기 시작했다.

민간 분야는 다양한 형태로 분류할 수 있으나 산업안전보건법상 업무유형, 운영형태, 수행 역할 등에 따라 앞에서 언급한 5개 범주로 구분할 수 있다. 이 중 직접적인 안전, 보건 서비스를 수행하는 재해예방전문기관은 산업안전보건법에서 지정·등록 방법과 업무 범위 등을 정하고 있다.

〈표 1-5〉 재해예방전문기관 업무 범위

구분(분야)	업무 범위
안전관리전문기관	• 중소 규모 사업장 안전관리자 업무 대행
건설재해예방전문지도기관	• 안전관리자 선임 의무가 없는 중소 규모 건설 현장 기술지도
보건관리전문기관	• 중소 규모 사업장 보건관리자 업무 대행
안전보건진단기관	• 안전보건에 관한 진단

구분(분야)	업무 범위
근로자안전보건 교육기관	• 사업주로부터 근로자 교육을 위탁받아 수행
안전인증기관	• 위험 기계 기구·설비, 안전장치 등에 대한 심사
안전검사기관	• 사용 중인 유해·위험 기계 기구·설비 안전 검사
자율안전검사기관	• 위험 기계에 대해 사업주 자율 요청에 따른 검사를 실시
특수건강진단기관	• 특수건강진단, 배치 전 건강진단, 수시건강진단 등을 수행 (의료기관)
작업환경측정기관	• 근로자의 유해인자 노출 측정, 평가 등 사업장 작업환경 측정
석면조사기관	• 석면 해체 작업 사전 조사기관
직무교육기관	• 안전보건 관리책임자, 관리감독자 등에 대한 교육
건설업 기초안전보건 교육기관	• 건설 일용근로자 대상 안전교육 실시

효과적인 산업재해예방을 위해서는 민간 재해예방전문기관의 능력과 역량이 중요하다. 정부는 재해예방전문기관의 능력과 역량 개선을 위해 지정·등록 유지 요건 준수 여부에 대한 지도 감독을 한다. 더불어 2018년부터 업무수행능력에 대한 평가[6]를 매년 실시하고 있다. 평가 결과는 사업장에서 우수 전문기관을 선택하는 데 활용할 수 있도록 언론과 관련 홈페이지 등에서 공표하고 있다.

최근 산업안전보건 관련 법 강화 등의 원인으로 사업장에서 안전관리를 강화하고 있다. 이러한 분위기에 따라 재해예방전문기관의 수도 증가하고 있다. 특히, 소규모 재해예방전문기관의 수가 급증하고 있는데, 그 이유는 산업안전·보건 지도사 공급이 늘어나면서 나타나는 현상이다. 지도사는 1인이 재해예방전문기관을 만들 수 있기 때문이다.

---

6 재해예방전문기관에 대한 평가는 정부로부터 업무를 위탁받은 한국산업안전보건공단에서 수행하고 있다. 업무유형에 따라 일부 분야는 2년마다 평가를 받는다.

공공 안전보건 전문기관의 탄생

1960년대 이후 우리나라는 경제개발 5개년 계획을 수립하는 등 경제개발에 집중하여 놀라운 경제성장을 이룩하였다. 제1, 2차 경제개발 계획 기간 중에 매년 평균 11%대의 경이적인 고도성장을 이룩했다. 이 성장 위주의 시기에 고도성장이 곧 복지로 치환되고 복지는 낭비로 인식했다.[16]

경제성장 기조 아래 1964년에 산재보험에 가입한 근로자가 160,150명에서 1986년 4,749,342명으로 약 30배 늘었다. 근로자의 증가에 따른 재해율은 점진적으로 낮아지는 추세였으나, 재해자 수는 9,470명에서 142,088명으로 15배가 증가했다. 산업재해로 인한 사망자도 144명에서 1,660명으로 12배 증가했다. 산업재해 증가는 노동력의 손실을 초래하였고, 기업 경쟁력을 약화시켰다. 역설적으로 경제발전의 걸림돌로 작용했다.

산업재해 증가에 따라 1986년 노동부에서 산업안전보건단체 기능 합리화 방안으로 산업재해예방 법정단체 설립계획안을 수립하였다. 같은 해 11월 6일 민주정의당 국책연구소에서 산업재해예방 법정단체 설립안을 정책 연구과제로 선정하고 한국산업재해예방사업단 설립 방침을 결정했다. 1987년 5월 4일 민주정의당 의원 33명의 발의로 「한국산업안전공단법」을 국회에 제출하여 5월 13일 제133차 임시국회 본회의를 통과했다. 5월 22일 국무회의 의결을 거쳐 5월 30일 법률 제3931호로 공포되고, 12월 9일에 설립등기를 마쳤다.

특수법인 형태의 공단이 탄생함에 따라 국가적 차원의 종합적이고, 전문적인 산업재해예방 활동 체계를 확립하게 되었다. 공단은 산업안전보건법에서 정한 근로자의 안전하고 쾌적한 작업환경 조성과 범국민적 안전 의식 확산에 기여할 수 있는 사업을 수행하기 시작했다.

공단은 1987년 12월 9일 총정원을 368명으로 구성하여 창립했다. 1987년

10월 산업안전교육원을 공단의 산하기관으로 편입하고, 1989년 7월에는 산업안전보건연구원을 설립하여 본격적인 산재 예방 연구개발 등의 업무를 시작했다. 이후에도 많은 전문인력을 확충하고 산재 예방 전문사업 등을 통해 산재 예방에 기여하고 있다.

공단은 2008년 12월 31일 명칭을 한국산업안전공단(KISCO[7])에서 한국산업안전보건공단(KOSHA)으로 변경하였다. 2014년에는 공공기관의 지방이전 정책에 따라 본부를 울산으로 이전하여 업무를 수행하고 있다. 2024년 현재 공단은 많은 대내외 환경 변화에 따라 조직을 확대하여 본부와 연구원, 교육원, 지방조직을 합쳐 총 2,000명이 넘는 기관으로 성장하였다. 아래 표는 한국산업안전보건공단법에서 정한 공단의 기능이며, 세부 업무는 산업안전보건법 등 관련 법령과 규정에서 정한 내용을 정부로부터 위탁이나 승인을 받아 수행하고 있다.

〈표 1-6〉 한국산업안전보건공단 기능(한국산업안전보건공단법 제6조)

1. 산업재해예방기술의 연구 · 개발 및 보급
2. 산업안전보건에 관한 교육
3. 사업장의 산업재해예방을 위한 안전 · 보건 진단 또는 관리 등과 이를 위한 기술지원
4. 유해하거나 위험한 기계 · 기구 등의 안전 인증 또는 안전 검사
5. 산업재해예방을 위한 시설자금 지원
6. 산업재해예방시설의 설치 · 운영
7. 산업안전보건에 관한 정보 및 자료의 수집 · 발간 · 제공
8. 산업안전보건에 관한 국제협력
9. 산업안전보건에 관하여 고용노동부 장관이나 그 밖의 중앙행정기관의 장이 위탁하는 사업
10. 그 밖에 제1호부터 제9호까지의 사업에 딸린 사업

---

7 변경 이전의 공단 명칭으로 KISCO(Korea Industrial Safety Corporation)이다. 변경 후에는 KOSHA (Korea Occupational Safety and Health Agency)를 사용하고 있다.

□ 변화의 바람

> 모두가 세상을 변화시키려고 생각하지만
> 정작 스스로 변하겠다고 생각하는 사람은 없다.
> – 톨스토이[Tolstoy] –

우리나라는 매년 2,000명 이상의 근로자가 산업재해로 사망한다. 그중에서 800명 넘는 사람이 일하다가 사고로 사망한다. 10여 년 전 1,300여 명이던 산재사고 사망자는 재해예방에 집중하는 정부의 정책으로 800명 초반까지 줄어들었다. 그럼에도 여전히 산재사고로 인한 사망이 영국, 독일 등 선진국에 비해 훨씬 많이 발생하고 있다. 우리나라가 유독 산재사고로 인한 사망사고가 많은 이유는 국민 의식 등 여러 가지가 원인일 수 있다. 그중에서도 60년대 이후 압축된 고도의 경제성장을 하면서 안전의 가치, 환경의 중요성보다는 경제적 가치를 우선시하는 원인이 크게 작용하고 있다.

그동안 우리나라 기업의 CEO들은 성장(생산과 이익)에 집중했다. 안전보건에 관한 리스크관리에는 관심이 덜 했고, 덜 하다. 일간지 신문에 '인명사고가 나면 거의 공장 전체가 스톱…수백억씩 손실'[17]이라는 기사가 났다. 예로서 국내 조선소와 제철소 등 대기업의 작업장 인명사고에 대한 "작업 중지" 명령 남발로 하루에도 10억 원 이상의 손실이 발생한다는 내용이다. 작업 중지 명령이 잘못되었다는 요지이지만 역설적으로 사고 예방의 중요성을 피력한 기사라 생각한다. 1명의 인명 피해로 인해 수백억 원의 손실이 발생한다는 것이다.

사고가 발생하면 정부에서 시행하는 작업 중지 명령의 문제점이 있을 수 있다. 작업 중지 기간 중 생산 활동을 하지 못함으로 인해 작업 중지 해제 이후에

납기의 문제로 인해 더 많은 근로자가 작업에 투입되거나, 근로 시간 등 노동의 강도를 높여야 한다. 위험이 있더라도 작업을 할 수밖에 없는 악순환의 고리가 존재한다. 이런 일들이 일상화되면 그 조직의 문화로 자리를 잡아 사고는 계속해서 발생한다. 많은 기업이 생산 납기와 공사 기간에 쫓기는 기업문화로 자리 잡았을 가능성이 크다. CEO는 말로만 안전이 중요하다고 하고, 관리자는 목표 물량 생산에 자원과 역량을 집중하고, 근로자는 안전의 불편함[8]보다 편함에 익숙해졌을 것이다.

언론에 위험의 외주화에 따른 하청업체 또는 비정규직 근로자의 사망, 실습 중인 고등학생 사망사고가 자주 언급된다. 국민적 관심도 높다. 그에 따라 정치인이나 사회지도층의 관심도 한층 높아졌다. 그동안 논의에 진전이 없었던 제도와 조직에 변화의 바람이 일었다. 산재예방을 위한 처벌과 예방 역량 강화와 관련된 내용이다. 그 대표적인 것이 중대재해처벌법 제정과 산업안전보건청 조직의 신설 논의에 대한 바람이다.

중대재해처벌법의 탄생

산업안전보건법의 제정 이후에도 산업현장에서 지속으로 크고 작은 사고가 발생하였고, 2018년 태안화력발전소 하청노동자 고 김용균 씨의 사망사고를 계기로 인해 2019년 1월 15일 산업안전보건법의 전면 개정이 이루어졌다. 법 위반 처벌강화, 도급 금지 등 안전조치 강화와 특별고용 형태의 노동자 보호 등이 주요 개정의 골자였다. 법의 전면 개정에도 불구하고, 2020년 5월 20일 모 중공업에서 30대 노동자의 아르곤 가스 질식 사망사고, 같은 해 9월 10일 모

---

8 안전 매뉴얼과 절차를 준수하고, 안전모, 안전대 등 보호구를 매일 착용해야 하는 불편함이 있다.

화력발전소 화물 기사 압사 사고, 4월 29일 경기도 이천 물류창고 건설 현장 화재로 38명 사망과 같은 산재 사망사고가 연이어 발생했다.

산업재해는 여러 가지 원인에 의해 발생한다. 그 원인 중 하나는 기업에서 안전조치와 안전 활동에 대한 '마음 챙김(mindfulness[9])'이 부족해서다. 그 이유는 산업안전보건법 위반으로 기소되는 불이익보다 안전보건 조치를 이행하지 않음으로써 얻는 이익이 더 크기 때문일 수도 있다. 그래서인지 산업안전보건법 위반의 재범률도 높다. 대검찰청 범죄분석 자료에 의하면 2017년 기준 산업안전보건법 위반으로 검거된 피의자들의 약 93%가 전과를 보유하고 있는 것으로 나타났다. 산업안전보건법 위반 사망사고에 대한 1심 법원 처리 결과는 가관이다. 법원이 피고인에게 징역이나 금고 등 유기 유형을 선고한 경우는 매년 3~5건에 불과하며, 실형 기간은 평균 9.3개월에 그쳤다. 대부분 피고인에게 재산형(벌금)이 선고되었는데 그 벌금액은 평균 5백만 원 정도였다.[19]

산업재해와 별개로 가습기 살균제 사건, 2014년 4월 16일 발생한 세월호 사건과 같은 시민 재해 등이 사회적 문제로 지적되었다. 형법에서는 현재까지 기업의 형사책임을 인정하지 않고 있다. 이 때문에 세월호 참사에 있어 해당 기업에 어떠한 형사책임도 물을 수 없었다.[20] 이러한 사회적 분위기 속에서 중대재해기업처벌법 제정에 대한 국민의 관심도 높아졌다. 2020년 9월 22일 중대재해기업처벌법 입법청원이 10만 명을 넘어섰다. 이듬해인 2021년 1월 8일 민주당 국회의원들의 주도로 「중대재해 처벌 등에 관한 법률」이 국회 본회의를 통과했다. 산업계와 주류 언론 등의 많은 반대에 부딪혀 5명 미만 사업장이 처벌 대상에서 제외되고 처벌 수위가 낮아졌다. 인과관계 추정 조항도 삭제됐다. 책임 범위에서 발주자가 제외되었고, 50명 미만 사업장의 경우 공포 후 3년이 지

---

9 마음 챙김의 의미는 순간순간에 일어나는 감정, 생각, 감각을 의식적으로 수용하면서 비판단적으로 관심을 기울이는 것을 의미한다.[18] 카를 와익은 HRO(고신뢰성조직)에서 mindfulness로 사고를 예방한다고 주장한다.

난날부터 적용하는 등 법률이 처음 안보다 후퇴했다. 법률의 '안전보건 관계 법령 이행 여부 점검 및 필요한 조치' 조항 때문에 도로(처벌만 강화된) 산업안전보건법이라는 의견도 있었다.

중대재해처벌법 제정은 많은 논란에도 불구하고 영국의 2007년 7월 '기업 과실치사 및 기업 살인법[10] 제정을 계기로 국내에서 그 필요성이 제기된 이후 우리 사회가 생명의 중요성을 인식하는 하나의 초석이 되었다는 점에서 의의가 있다고 하겠다.

중대재해처벌법의 제안 배경은 '사업주, 법인 또는 기관 등이 운영하는 사업장 등에서 발생한 중대산업재해와 공중이용시설 또는 공중교통수단을 운영하거나 위험한 원료와 제조물을 취급하면서 안전·보건 조치 의무를 위반하여 인명사고가 발생한 중대시민재해의 경우, 사업주와 경영 책임자 및 법인 등을 처벌함으로써 근로자를 포함한 종사자와 일반 시민의 안전권을 확보하고, 기업의 조직문화 또는 안전관리 시스템 미비로 인해 일어나는 중대재해 사고를 사전에 방지하려는 것'이라고 밝히고 있다.

입법 배경에서 보듯이 중대재해의 원인을 조직문화와 안전관리 시스템으로 보고 있다. 이 책의 주된 내용도 안전관리시스템을 왜 해야 하며, 어떻게 만들고 운영하는가가 핵심이다.

〈표 1-7〉 산업안전보건법과 중대재해처벌법 비교

구분	산업안전보건법	중대재해처벌법(중대산업재해)
주체	사업주(법인사업주+개인 사업주)	개인 사업주, 경영 책임자 등

10 기업 과실치사 및 기업 살인법을 "Corporate Manslaughter and Corporate Homicide Act 2007"이라고 한다.

구분	산업안전보건법	중대재해처벌법(중대산업재해)
보호	근로자, 수급인 근로자, 특수고용형태근로종사자	근로자, 노무 제공자, 수급인, 수급인의 근로자 및 노무 제공자
적용	전 사업장(업종, 규모에 따라 차등)	5인 이상 사업장
재해 정의	• 중대재해: 산업재해 중 ① 사망자 1명 이상 ② 3개월 이상 요양이 필요한 부상자 동시 2명 이상 ③ 부상자 또는 직업성 질병자 동시 10명 이상 * 산업재해: 노무를 제공하는 자가 업무와 관계되는 건설물, 설비 등에 의하거나 작업 또는 업무로 인하여 사망·부상·질병	• 중대산업재해: 산안법상 산업재해 중 ① 사망자 1명 이상 ② 동일한 사고로 6개월 이상 치료가 필요한 부상자 2명 이상 ③ 동일한 유해 요인으로 급성중독 등 직업성 질병자 1년 내 3명 이상
의무 내용	• 사업주 등의 의무 ① 법령에 따른 산업재해예방을 위한 기준 준수 ② 근로자의 신체적 피로와 정신적 스트레스 등을 줄일 수 있는 쾌적한 작업환경의 조성 및 근로조건 개선 ③ 근로자에게 해당 사업장의 안전 및 보건에 관한 정보제공 • 근로자의 의무 ① 법령에 따른 산업재해예방을 위한 기준 준수 ② 사업주 등의 산업재해예방조치 준수	• 개인 사업주 또는 경영 책임자 등의 종사자에 대한 안전·보건 확보 의무 ① 안전보건 관리체계의 구축 및 이행에 관한 조치 ② 재해 재발 방지 대책의 수립 및 이행에 관한 조치 ③ 중앙행정기관 등이 관계 법령에 따라 시정 등을 명한 사항 이행에 관한 조치 ④ 안전·보건 관계 법령상 의무이행에 필요한 관리상의 조치
처벌 수준	• 자연인 (사망) 7년 이하 징역 또는 1억 원 이하 벌금 (조치위반) 5년 이하 징역 또는 5천만 원 이하 벌금	• 자연인 (사망) 1년 이상 징역 또는 10억 원 이하 벌금(병과 가능) (부상·질병) 7년 이하 징역 또는 1억 원 이하 벌금

구분	산업안전보건법	중대재해처벌법(중대산업재해)
처벌 수준	• 법인 (사망) 10억 원 이하 벌금 (조치위반) 5천만 원 이하 벌금	• 법인 (사망) 50억 원 이하 벌금 (부상 · 질병) 10억 원 이하 벌금

주) 중대재해처벌법은 중대산업재해 내용임(중대시민재해 제외)

'산업안전보건청' 필요성 대두

산업안전 업무는 ILO 협약과 권고에 따라 전 세계적으로 노동 관련 부처에서 담당한다. 우리나라도 마찬가지로 고용노동부에서 담당하고 있다. 공무원 조직의 특성상 잦은 보직 변경 등으로 인해 산업안전 감독의 전문성 습득 기회 부족에 대한 문제 제기가 많았고, 산업안전 행정조직의 전문성 강화를 위해 학계, 노동계 등에서 오래전부터 '산업안전보건청' 설립을 주장해 왔다.

정부는 노동계, 경영계와 함께 3자가 참여하는 대통령 직속 사회적 대화 기구인 '경제사회노동위원회'를 운영해 오고 있다. 이 위원회는 2020년 4월 27일 합의문을 발표했다. 합의문에서는 플랫폼노동 등 서비스 부문의 신종 유해 · 위험 요인 파악과 법 · 제도개선, 산업안전보건 행정의 전문성을 담보할 산업안전보건청 설립 등 조직구조 개편추진, 중소기업 산재예방사업 지원을 위한 정부 예산 매년 증액 등을 포함했다.[21] 산업안전 행정체계의 개편은 중장기적으로 추진한다는 내용이었다.

정부는 산재 사망사고 절반 줄이기 정책을 펴 2019년도에는 2018년과 비교하여 산재사고 사망자를 166명 감축하는 성과를 거두었다.[22] 그럼에도 2020년 4월 29일 경기도 이천 물류창고 공사 현장에서 화재 참사로 38명의 근로자가 사망했다. 2008년 발생한 이천 냉동창고 화재 참사와 매우 비슷한 사고가 발생한 것이다. 이 사고의 계기로 전문 역량 있는 산재 예방 행정을 위해 고용노동부로부터 독립된 외청 조직을 앞당겨 설립해야 한다는 주장이 힘을 얻었다.

당시 정부와 여당인 민주당이 2021년 7월부터 고용노동부 산재예방보상정책국을 산업안전보건본부로 확대한 뒤 2023년 1월부터 산업안전보건청 설립을 추진할 예정이었다. 조직 확대의 결정에는 중대재해처벌법의 제정도 한 역할을 했다. 2021년 4월 22일에는 23살의 젊은 노동자가 평택항에서 철판에 깔려 사망하는 사고가 발생했다. 이때 대통령까지 나서서 강력한 재발 방지 대책을 세우라는 지시도 작용했다. 그러나 정부가 바뀌면서 청 설립은 이루어지지 않았고, 그대로 산업안전보건본부로 있다.

산업안전보건청의 설립과 관련한 다양한 목소리가 존재한다. 필요성에서부터 규제 강화에 대한 반발, 우리나라만의 문화·제도 등에 대한 고려 없이 미국을 따라 하는 것에 대한 우려도 있다. 행정조직 강화가 산업재해 감소에 영향을 미치지 않을 거라는 의견도 있다.

앞으로 산업안전보건청이 어떻게 될지 모른다. 청이 생긴다는 전제로 사업주단체와 노동계, 정치권의 눈치를 보지 않고, 일하는 사람의 생명 존중을 핵심 가치로 여기는 그러한 전문 행정조직이 되었으면 하는 바람이다. 사고 숫자에만 함몰되지 않고 단기·중기·장기로 구분한 체계적인 전략의 수립과 꾸준한 산재 예방 정책을 펴가야 한다. 한두 사람의 결정에 의한 실험적인 정책이 아닌 실질적인 산재 예방 사업을 지속으로 펴야 한다. 한 예로 과거에 사망사고가 많이 발생한 항만하역 작업에 대한 산재를 예방하기 위해 한국산업안전보건공단에 항만 전문가가 있는 담당 부서가 있었다. 이후 몇 년 동안 항만 사고가 없다는 이유로 해당 부서를 없앴다가 지난번 발생한 평택항 사고[11] 때 항만하역 산재사고를 예방하기 위해 별도 TF(Task Force)를 구성해야 했다. 위험성의 변화는

---

11 2021.5.21. 대학생 고 이선호(23세) 씨가 평택항에서 300kg 컨테이너 날개에 깔려 사망한 사고이다.

없는데 사고가 발생하지 않으면 조직을 없애고 사고가 나면 또다시 조직을 만든다. 청이 만들어진다면 이러한 우를 범하지 않았으면 한다.

공공기관의 안전관리 강화

2018년 12월 4일 경기도 고양시 백석역에서 공공기관이 관리하고 있던 지역난방 열 수송관에 누수가 생겨 여러 대의 차량 파손과 1명이 화상으로 사망하는 등 60명의 사상자가 발생했다. 같은 해 12월 8일에는 강릉선 KTX가 탈선하는 사고가 발생하여 승객 15명이 부상을 당했고, 2일간 열차 운행을 중단했다. 12월 11일에는 화력발전소에서 작업 중 컨베이어 벨트에 끼이는 사고가 발생하여 젊은 하청근로자가 목숨을 잃었다. 이런 사고가 모두 공공기관이 관리하는 영역에서 발생했다.

국내 공공기관은 '18년 기준'[12] 총 338개소였다. 안전관리 체계는 산업안전보건법과 분야별 개별법 적용을 받는다. 산재사고 재해자는 연간 1,300여 명이 넘고, 사망자는 연 50명 이상 발생하고 있다. 사망사고는 주로 건설 등 발주 공사에서 발생하고, 주요 10개 공공기관에서 78.8%를 점유하고 있었다.

〈표 1–8〉 공공기관 산재사고 현황[23]

구분	'14년	'15년	'16년	'17년	'18.1~9월
사고 재해자(명)	1,602	1,557	1,508	1,360	1,165
사망자(명)	63	71	53	59	37
부상자(명)	1,539	1,486	1,455	1,301	1,128

주) 산재보험 요양 승인 기준

---

12 2018년을 기준으로 한 이유는 18년부터 공공기관의 안전관리 강화 정책이 수립되고 시행되었기 때문이다. 2024년 기준 국내 공공기관은 2018년보다 1개소 증가한 339개소이다.

이렇게 공공기관의 작업장에서 산재사고가 반복 발생하면서 근로자 안전 확보를 위한 근본적인 대책 마련이 필요하였다. 특히 화력발전소 하청근로자 사망사고 이후 공공기관 작업환경에 대한 점검과 개선 요구도 증대했다. 그에 따라 공공기관 경영에서 안전 우선 원칙을 확립하고, 이 원칙을 현장에 정착시키기 위해 경영방식, 작업환경, 원·하청 구조, 안전 의식 등에 대한 종합적인 대책을 마련하기 위해 공공기관 작업장 안전 점검 정부 합동 TF[13]를 운영했다.

안전 점검[14]과 전문가 등 의견수렴, TF 활동 결과를 통해 다음과 같은 원인에서 공공기관 작업장에서 산재사고가 발생하는 것으로 분석했다.

첫째, 효율성 위주의 경영방식이다. 공공기관은 안전관리 기본계획 수립 의무가 없어 체계적인 안전 계획이 없었다. 안전 담당 인력도 신규직원이 50% 이상 점유하는 기관도 있는 등 안전 투자가 이루어지지 않았다. 협력업체의 건의가 잘 이루어지지 않는 등 내·외부 구성원 참여도 부진했고, 성과 위주 경영평가로 안전에 관심도 낮았다.

둘째, 작업 현장의 위험 방치이다. 위험성 평가가 서류 위주 형식적으로 이루어지고 있었다. 위험시설에서 단독작업을 하거나, 안전과 관련한 긴급한 계약에서 수의계약을 금지토록 하는 제도를 폐지하지 않는 등 사전에 사고를 차단하는 제도가 미흡했다. 그리고, 현장에 안전난간이 설치되지 않는 등 근로자가 위험에 노출되고 있었다.

셋째, 원·하청 구조에 따른 안전 책임의 사각지대가 발생하고 있었다. 산재 책임이 주로 협력업체에 있는 등 위험의 외주화가 상시 발생했다. 공공 입찰에서 300억 원 미만 공사에는 안전 평가 항목이 존재하지 않았다. 또한 안전관리

13 8개 부처(국조실 주관, 기재부, 노동부, 국토부, 산업부, 환경부, 농식품부, 해수부)가 참여했다.

14 101개 공공기관, 22.3만 개소와 발전소, 공항, 송전선로, 건설 현장 중 노후화되거나 사고 이력이 있는 시설·현장 7.3만 개소의 취약시설에 대한 안전 점검이 이루어졌다.

자 선임과 안전 관리비 편성이 부족했다.

넷째, 안전 관련 인프라 부족이다. 경영진부터 현장 작업자까지 안전 의식이 취약했다. 공공기관 작업장에 대한 안전 점검도 미흡했고, 안전 관련 규정·통제 등 제도적 기반도 취약한 것으로 나타났다.

이러한 원인분석과 더불어 전문가 의견수렴을 통해 마련한 「공공기관 작업장 안전 강화 대책」을 2019년 3월 19일 관계 부처 합동으로 발표했다. 주요 내용은 2022년까지 공공기관 산재사고 사망자 절반 이상 감축을 목표로 ①안전을 우선하는 기관경영, ②사고를 예방하는 작업환경, ③위험을 책임지는 원·하청 등 협력구조, ④민간을 선도하는 안전 인프라 등으로 4대 분야 14개 중점 과제를 선정했다.

〈표 1-9〉 공공기관 작업장 안전 강화 대책 추진 과제[24]

4대 추진 전략	14대 중점 추진 과제
안전을 우선하는 기관경영	(계획) 안전 경영 추진체계 구축 (집행) 안전 투자 대폭 확대 (통제) 참여형 통제 시스템 마련 (평가) 안전 중심 경영평가 실시
사고를 예방하는 작업 현장	(진단) 위험 요소 진단 체계 정비 (방식) 사고예방형 작업방식 도입 (환경) 안전한 작업환경 조성
위험을 책임지는 협력 구조	(도급) 원청의 책임 강화 (발주) 공사 안전관리 제도개선 (관리) 현장 안전관리 제도 정비 (고용) 비정규직의 정규직 전환
민간을 선도하는 안전 인프라	(인식) 안전 우선 인식·문화 확산 (점검) 현장 감독의 실효성 확보 (이행) 실행 체계구축

이를 통해 아래 그림과 같은 변화를 기대하고 정부와 공공기관에서 과제를 수행하기 위해 노력하였다. 이러한 공공기관의 경영진과 구성원의 노력으로 공공기관이 관리하는 작업장의 사망사고는 대폭 감소했다. 안전관리에 있어 많은 변화도 가져왔다.

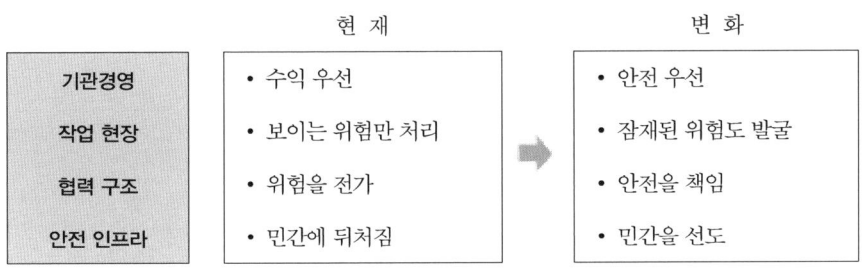

〈그림 1-2〉 공공기관 작업장의 변화 모습

그런데 공공기관에 대한 정부의 정책이 변화하면서 안전관리가 다시 과거로 되돌아가는 것 같아 안타깝다. 경영평가에서 안전관리 배점을 축소하고, 재무 등 효율성을 강조하고 있다. 이전 정부 합동 TF에서 공공기관의 사고가 효율성 중심의 경영방식이 원인이라 분석해 놓고 또다시 효율성을 강조한다. 공공기관은 그 태생에 있어 효율성만 강조할 수 없다. 공공은 민간이 하지 않거나, 민간에 맡겨서는 안 되는 일을 하기 위해 만들어진 기관으로 애초에 민간과 성격이 다르다. 그래서 공공기관에서 사망사고가 발생하면 국민으로부터 더 많은 지탄의 대상이 된다. 또, 국민이 공공기관에 대해 높은 도덕성을 요구한다. 국민을 위해 애쓰는 공공기관 중에 도덕성 때문에 몇 년에 걸쳐 부도덕한 기관으로 낙인이 찍혀 우수한 성과에도 불구하고 제대로 평가받지 못하고 있는 기관도 있다. 이게 공공기관이 민간 기업 등과 다른 이유다.

안전관리는 기본적으로 생명 존중의 가치에서 바라봐야 한다. 효율성보다 우선순위가 되어야 한다. 공공기관의 안전관리는 부처의 장관이나 기관장이 바뀌어도 후퇴하거나, 등한시하면 안 된다. 공공기관이 관할하거나, 발주하는 작업장에서 작업하는 모든 사람의 안전을 지키고, 민간을 선도하는 차원에서 안전관리가 이루어져야 한다. 공공기관의 기관장부터 안전을 우선순위에 두고 솔선수범하는 자세를 견지하여야 한다. 그래야 안전한 산업 국가가 된다.

제2장

산업안전의 현주소

□ 대형 사고

비극은 우리에게 고통과 괴로움, 충격, 슬픔, 혐오감을 안겨 준다.
그러나 마법 같은 변화를 초래하는 동력이 되기도 한다.[25]
– 모건 하우절Morgan Housel –

우리나라는 1960년대를 지나면서 많은 대형 사고가 발생하였다. 해양 사고
와 항공기 사고, 그리고 산업사고도 계속해서 발생하고 있다. 많은 사고의 원인
이 한국의 경제적 고도성장에 따른 부산물이라고 한다. 과거부터 경제 우선으
로 안전에 소홀한 측면이 있었다. 지금은 많이 나아졌다고 하지만 현재도 진행
형이다.

국내에서 가장 큰 사고는 1995년 6월에 발생한 삼풍백화점 붕괴 사고다. 이
사고는 부실 공사와 운영상의 문제 등으로 인해 발생했다. 전조 현상이 있었지
만, 이익에 눈이 먼 사주의 안일한 대응으로 인해 골든 타임을 놓쳐 건물이 붕
괴했다. 기적적으로 구조된 사람도 있었지만, 결국 501명이 사망했다. 이 사고
가 필자가 다니던 기관의 관내 지역에서 발생하였기에 많은 동료가 신속한 구

조 작업을 위한 타워크레인 검사[15]를 야간에 실시하고, 구조 작업 안전을 위하여 안전에 관한 기술지원을 하는 등의 노력을 했던 기억이 있다.

또한, 피해 규모가 큰 해양 사고도 자주 발생했다. 1976년 10월 태풍으로 인한 동해 어선 27척 침몰로 317명이 사망했고, 1993년 10월에는 과적 등의 원인으로 서해 훼리호가 침몰하여 292명이 사망했다. 그리고 2014년 4월에는 세월호 침몰 사고가 있었다. 이후에도 해양 사고는 현재까지도 끊임없이 발생하고 있다.

국제적으로도 세월호 사고와 같은 해양 사고가 다발하고 있다. 1987년 12월 20일 필리핀 도냐파즈호가 유조선과 충돌했다. 이 배는 최초 진수 당시 탑승 가능 인원이 608명이었다. 개조를 거치면서 탑승 인원도 1,450명으로 높였다. 그런데 사고 당일 실제 승선은 4,388명이 했다. 도냐파즈호에서만 승객 4,364명이 사망했다. 2002년 9월 26일 세네갈 여객선 부근 르줄라호가 감비아 근처에서 침몰했다. 정원 563명보다 훨씬 많은 1,927명이 탑승했다. 이 중 1,863명이 사망했다. 이 배는 이미 문제가 발생하여 1년간 방치 중에 대충 수리한 후 운항을 재개한 뒤 얼마 지나지 않아 사고가 발생했다. 1912년 4월 15일 영국의 타이태닉호가 빙산과 충돌해 침몰했다. 이 사고로 1,514명이 사망했다. 제임스 카메룬[James Francis Cameron16] 감독이 '타이태닉'이란 영화로 만들었고 사고의 원인도 많이 알려져 있다. 1954년 9월 26일 일본 토야마루호가 잘못된 기상정보만을 믿고 무리하게 출항해 태풍으로 인해 침몰했다. 1,309명 중 1,159명이 사망했다.[26] 사고는 승객이나 화물을 과적했거나, 위험을 무릅쓰고 무리하게 운항한 것이 문제가 되었다. 국내외를 막론하고 이 모든 해양 사고가 인간의 이기심으

---

15 당시에 타워크레인을 설치하는 경우 산업안전보건법에 따라 완성검사를 받아야 했다.

16 캐나다 출신으로 터미네이터, 에이리언 2, 어비스, 아바타 등의 영화를 감독했다.

로 인해 사고가 발생했거나, 피해가 커졌다.

산업재해로 인한 사망사고도 많이 발생하고 있다. 대부분 사고 건당 피해 규모는 해양이나 항공사고보다는 적은 것이 일반적이다. 반면에 발생 주기는 잦고 원인도 많은 숫자만큼이나 여러 가지다. 단순한 것에서부터 복잡한 것까지 다양하다. 이 다양한 원인의 사고를 예방할 수 있을까? 이 책은 모든 사고는 예방이 가능하다는 생각을 전제로 한다.

이 장에서는 국내에서 발생한 주요 사고와 그 원인에 대해 알아보고 적절한 대안과 대응법에 대해서도 생각해 본다. 그리고 사고의 이면에 있는 모든 원인을 파악할 수 없지만, 나타난 사고 원인을 학습의 기회로 삼아 사고를 예방하는 데 도움이 되었으면 한다.

이천 물류창고 화재

2020년 4월 29일 경기도 이천시 모가면에 소재한 냉동 및 냉장 물류창고 건설 현장에서 화재가 발생했다. 이 화재로 38명이 사망하고 10명이 부상을 입었다. 사고의 원인은 현재까지 정확하게 밝혀지지 않고 있다. 사고 원인에 대한 의견이 일치하지 않아 발표가 이루어지지 않은 것으로 보인다. 사고의 원인으로 주요하게 거론되는 것 중 하나는 용접 작업 중 용접 불티가 우레탄 폼에 떨어져 화재가 발생한 것이 아닌가 하는 추정이 있다.

〈그림 1-3〉 이천 물류창고 화재[27]

당시 이천시 재난안전대책본부 등에 따르면 화재 발생 이전 한국산업안전보건공단은 물류창고 공사 업체 측이 제출한 유해위험 방지계획서를 심사·확인한 결과 화재 위험성이 있다고 판단, 여러 차례 개선을 요구한 것으로 나타났다. 서류심사 2차례, 현장 확인 4차례에 걸쳐 유해위험 방지를 위한 계획서와 실행에서 문제점을 지적했다.

이 사고는 2008년 1월 7일 이천시 호법면에서 발생한 냉동 물류창고 화재와 규모가 비슷하다. 이 사고는 용접 작업 중 용접 불씨가 접착제, 시너, 발포제 등의 증기 등에 점화원으로 작용한 화재로 외국인 근로자를 포함 40명이 사망하고, 9명이 부상을 입었다. 이 사고를 계기로 대대적인 감사가 이루어졌고, 그 결과에 따라 물류창고를 신축할 때 유해위험 방지계획서를 제출하도록 하는 제도가 도입되었다. 그런데, 12년 만에 비슷한 사고가 또 발생했다. 제도를 강화하고 생활 수준은 당시보다 훨씬 높아졌는데도, 사고가 계속 발생하고 원인과 피해 규모도 유사하다.

1998년에도 비슷한 사고가 있었다. 부산 암남동 냉동창고에 화재가 발생하여 27명이 사망하고 16명이 다쳤다. 당시 한국산업안전보건공단에서는 용접 작업 중 용접 불씨가 우레탄 폼에 붙어 사고가 난 것으로 원인을 파악했으나, 경찰은 방열작업 때 규격 미달의 전선을 우레탄 분사기에 연결해 사용하다 전력 과부하로 합선되면서 화재가 발생한 것으로 결론지었다. 이 사건 재판에서 경찰이 제기한 내용은 혐의가 없는 것으로 판결 났다. 재판부는 판결문에서 "당시 우레탄 분사기 과부하로 발생한 전기 스파크가 건물 벽면의 우레탄 발포체에 착화되면서 불이 났다는 국립과학수사연구소 남부분소의 감정결과 보고서와 현장에 있던 작업 인부들의 진술을 바탕으로 하는 검찰의 기소 내용은 화재 원인에 대한 추정일 뿐 직접적인 증거로는 부족해 유죄로 인정할 만한 증거로 채택할 수 없다"[28]라고 하여 기소된 사람들은 무혐의 처분을 받았다. 이후 대

법원에서도 1심과 같이 결론지었다. 법원에서 용접 불씨가 화재의 원인인 것을 배제하지 못한다고도 밝혔다.

사고가 발생하면 그 원인을 조사하고 책임자 처벌과 제도의 개선이 이루어진다. 그러나 계속 유사한 사고가 발생하고 있다. 무엇이 문제이고 무엇이 잘못되었길래 그럴까? 유사한 사고가 반복해서 발생한다는 의미는 비슷한 작업은 비슷한 위험을 내포하고 있다는 뜻이기도 하다. 처벌과 제도의 개선이 능사가 아니다. 공사나 작업을 하는 주체의 안전 의지, 안전 작업 규정의 제정과 절차 준수가 실제로 이루어져야 한다. CEO가 생명 존중을 핵심 가치로 여기고 납기와 공사 단축, 비용 절감에만 매몰되지 않고 실제 안전한 작업을 할 수 있는 환경을 조성해야 한다. 그래야 그것이 기업문화로 자리 잡아 안전한 작업장을 유지할 수 있다.

청년 노동자의 죽음

2018년 12월 10일 22:40경 화력발전소 협력업체 소속 계약직 노동자 청년이 화력발전소 석탄 이송용 컨베이어 벨트와 롤러 사이에 끼어 사망하는 재해가 발생했다. 사고는 고인이 덮개가 제거된 컨베이어 벨트 밀폐함 점검구에 상체를 집어넣고, 가동 중인 컨베이어 벨트와 아이들러 롤러 부근을 휴대폰 플래시로 비추며 근접 점검 내지 근접 촬영을 시도하다 빠른 속도로 움직이는 컨베이어 벨트에 신체 부위가 말리면서 끼인 것으로 추정된다.[29]

고인은 국내 한 발전사 사내 도급업체 중 한 기업에 입사 후 3개월이 된 24세의 청년이었다. 발견 당시 신체가 많이 훼손된 상태였고, 휴대폰 플래시가 켜진 채 불빛이 위로 향한 상태였다고 한다.

국민은 젊은 노동자의 죽음에 경악했고 우리 자식의 죽음처럼 슬퍼했다. 매일 언론에서 위험의 외주화 등에 대한 문제를 제기했다. 그로 인해 국회에서 논의조차 안 하고 있던 '산업안전보건법 전면 개정(안)'이 12월 27일 국회를 통과했다. 1990년 이후 28년 만의 전면 개정이었다.

대통령도 나서서 재발 방지 대책 마련을 지시했고, 2019년 1월부터 정부는 정부 합동 TF를 꾸려 '공공기관 작업장 안전 강화 대책'을 만들었다. 대책에는 '안전 경영 추진체계 구축', '안전 중심 경영평가 실시', '공공 계약 입찰 시 안전 관리 평가 강화' 등 주요 과제 14를 포함했다.

또한, 2019년 4월 3일에는 '고 김용균 사망사고 진상규명과 재발 방지를 위한 석탄화력발전소 특별노동안전조사위원회'가 16인의 조사위원으로 꾸려졌다. 위 특조위는 4개월여 동안 운영했고, 9월에 22개의 권고사항을 발표했다. 그 내용 중에는 최근에 이슈가 된 '중대재해처벌법 제정'과 '정부의 관리 감독 강화(안전보건 조직의 개편 등)' 등의 내용이 포함되었다.

젊은 노동자 사망사고는 또 있었다. 2016년 5월 28일 서울 지하철 2호선 구의역에서 승강장 안전문(PSD)[17]을 수리하던 19세 청년이 지하철 열차에 치여 사망했다. 당시 고인이 된 청년은 서울메트로(당시)의 하청업체 소속으로 혼자서 작업하다가 사고를 당했다.

사고 이후 당시 서울메트로에 대해 정부와 서울시 등에서 업무와 안전관리 등에 대한 점검과 감독을 실시했다. 필자도 감독에 참여했고, PSD에 대한 관리 실태를 파악했었다. 서울메트로의 안전 수칙에는 PSD 수리를 2인 1조로 작업하도록 정하고 있었다. 확인 결과 서울메트로 용역 설계 시 2인 1조로 할 수 없

---

17   승강장 안전문(PSD) : 승강장 선단에 선로와 분리되도록 설치하여 선로 사이를 차단함으로써 승객의 안전과 전동차 진입 시 공기의 유동으로 인한 분진 유입감소와 냉난방 효율을 증대시키기 위한 안전설비로 도입했다. Platform Safety Door 또는 Platform Screen Door라고 하며, 언론에서는 스크린 도어라는 용어를 많이 사용함

는 비용으로 책정하여 애초부터 2인 1조가 불가능한 구조였다. 서울메트로에서 은퇴한 이후 하청업체로 이직하여 간부직을 맡는 관행도 있었다. 당시 서울시 3개의 지하철 회사[18] 중에서 서울메트로만 PSD 수리와 운영관리를 외주화했다. PSD 운영 방식 일부도 다른 2개의 지하철 회사와 달랐다. 그 때문에 위험의 외주화 문제와 철피아, 부실 공사 등에 대해서도 논란이 많았다. 구의역 사고 이전에도 2013년부터 매년 1건의 사망사고가 발생했었다. 승객의 사고를 제외하면 관리가 소홀하고 인원이 부족한 토요일에 발생했다.

〈표 1-10〉 PSD 관련 사망사고 발생 현황

일시	장소	사망자	재해 내용
'13.01.19.(토) 14:33	2호선 성수역	근로자	전동차가 성수역 4번 승강장 진입 중 승강장 안전문 센서를 점검 중이던 작업자가 PSD와 전동차 사이에 끼어 병원으로 이송 중 사망
'14.09.25.(목) 09:48	4호선 총신대입구역	승객	전동차가 총신대입구역에서 승객이 승·하차 후 출입문을 닫고 PSD 전체 닫힘을 확인하지 않고 출발한 전동차와 PSD 사이에 끼임
'15.08.29.(토) 19:25	2호선 강남역	근로자	전동차가 강남역 내선 승강장 진입 중 10-2지점에서 PSD 센서를 점검 중이던 작업자가 전동차와 PSD 사이에 끼임
'16.05.28.(토) 17:57	2호선 구의역	근로자	전동차가 구의역 내선 승강장 진입 중 9-4지점에서 PSD 센서를 점검 중이던 작업자와 접촉하여 PSD와 전동차 사이에 끼임

구의역 사고 당시 고인의 소지품에서 컵라면이 발견되었고, 사고 이후 서울 시민의 추모 운동이 일어났다. 사고가 발생한 구의역 PSD에 추모 글을 새겨 포

---

18 서울메트로 1~4호선, 서울도시철도공사 5~8호선 관리, 서울 9호선 운영 9호선을 관리하였고, 현재는 모두 서울교통공사에서 관리 중이다.

스트잇을 붙였다. 19세 청년이 제대로 식사할 시간도 없이 힘들게 일하다 사고를 당한 것에 관한 시민들의 분노와 슬픔이 있었다. 미국의 분노관리학자 피터 샌드먼Peter Sandman은 위험성(Risk)을 위해(Hazard)와 분노(Outrage)의 합으로 정의했다. 분노의 크기는 통제성·공평성·신뢰성 등 여러 요인에 의해 달라지며 추가 요인으로 취약 인구에 대한 영향, 미디어의 집중 그리고 미래세대의 영향 등을 제시하고 있다.[30] 두 사고 모두 젊은 청년이 부실한 기업의 시스템으로 인해 일하다 사망한 것에 대한 국민의 감정 표출이 있었다. 이후 서울메트로에서는 PSD를 수리하는 하청업체 근로자를 직접 고용하여 승강장 안전문을 관리하게 하였다. 현재는 서울교통공사[19]에서 기술본부 하부에 승강장 안전문을 전담하는 사업소를 별도 운영 중이다.[31]

2021년에도 23세의 젊은 청년이 일하다 사망하는 사고가 또 발생했다. 하청업체 청년 근로자가 평택항에서 개방형 컨테이너 날개에 깔려 사망했다. 이러한 사고가 나면 항상 위험의 외주화가 이슈화된다. 노동계 등에서는 위험을 외주화하는 것이 문제라는 시각이며, 반대의 시각에서는 외주화하지 않더라도 위험은 사라지지 않는다는 시각이다. 미국의 경제학자이며 '균열 일터' 작가로 유명한 데이비드 와일David Weil은 하청의 균열 일터를 설명하면서 조율의 문제를 지적했다. 일이 여러 업체로 분산될수록 조율은 더 힘들어지고 최악의 경우 사망 사고의 발생 등 사회적 문제와 비용을 야기할 가능성이 높다고 주장했다.

우리나라는 외환위기 이후 외주화의 확산이 점차 일반화되고 유해하거나 위험성이 높은 작업을 도급하는 경우가 많다. 2018년 사업체 패널조사 결과에 따르면 하청·용역 근로자의 58.7%가 단순직에 종사하고, 다음으로는 생산직에 19.8%가 종사하는 것으로 나타났다. 하청근로자를 활용하는 이유는 고용유연

---

19 서울교통공사는 2017년부터 서울메트로와 서울도시철도공사를 통합한 서울특별시 산하 지방공기업이다.

성, 업무 성격, 인건비 절감 순으로 나타났다. 고용유연성은 필요할 때 고용하고 그렇지 않을 때 해고가 쉽기 때문일 가능성이 높다. 업무 성격은 정규직 채용 부담에 대한 비용을 절감할 수 있는 단순직에 집중된다. 종합하면 고용유연성과 업무 성격, 인건비 절감 모두가 기업의 비용 절감의 이유이다. 2015년도와 2017년도를 비교하면 비제조업에서 고용유연성보다는 인건비 절감의 이유가 2배 이상 높아졌다. 조율이 훨씬 어려워졌다.

〈표 1-11〉 사내 하청 · 용역 근로자 활용 이유[32]

구분	인건비 절감	고용유연성	업무 성격	정원동결	기타
2015 평균	27.2	40.0	29.3	2.5	1.0
제조업	35.7	37.3	25.0	0.1	1.9
비제조업	18.7	42.7	33.6	4.8	0.2
2017 평균	35.7	32.9	25.1	3.2	3.2
제조업	32.3	44.3	16.0	3.0	4.4
비제조업	39.1	21.4	34.2	3.3	2.0

지하철 PSD 운영 방식에서 볼 수 있듯이 PSD 수리를 직영으로 관리하는 기업[20]에서는 PSD 수리와 관련한 사망사고가 발생하지 않았다는 것이 외주화보다는 직영이 더 안전한 작업장을 만들 수 있다는 예가 될 수 있을 것이다. 모든 일을 직영으로 하는 것은 현실적으로 어렵다. 안전과 관련된 업무만을 직영으로 하는 것도 쉽지 않다. 일상의 업무와 작업에서 안전 업무를 별도로 나눈다는 것은 거의 불가능하다. 고용 형태와 관계없이 위험을 생산하는 자가 위험방지

---

20 당시 서울지하철 5~8호선을 담당하는 서울도시철도공사는 승강장 안전문을 직영 관리했고, 승강장 안전문 때문에 근로자가 사망하는 사고가 발생하지 않았다.

조치와 그에 따른 책임을 지는 형태가 가장 좋은 듯하나, 이 또한 현실 운영에서는 여러 가지 어려움이 있다. 따라서 개별 기업의 환경과 위험관리 수준, 조직문화, 리더십 등을 종합적으로 고려해서 안전에 중심 가치를 두고 OSHMS 구축하고 활동하면 사고를 예방할 수 있을 것이다.

세월호 침몰 사고(Sinking of MV Sewol)

2014년 4월 16일 08:50분 전라남도 진도군 조도면 부근 해상에서 청해진 해운 소속 여객선인 세월호가 전복하면서 침몰했다. 이 사고로 탑승 인원 476명 중 시신 미수습자 5명을 포함한 304명(64%)이 사망했다. 세월호에는 안산시 단원고 2학년 학생 325명과 교사 14명, 일반인 104명, 선원과 승무원 33명이 타고 있었다.[33]

〈그림 1-4〉 세월호 침몰 모습[34]

세월호 침몰 초기 방송에서 '전원 구조'라는 오보가 나왔다. 세월호가 11시경 선체가 침몰하는 동안 11:30분 경까지 오보가 있었다.[35] 전원 구조라는 오보 언론에 대해서는 방송통신심의위원회에서 국회의원을 통해 밝힌 바 있으나 일부 언론과 오보의 개념에 대한 논란이 있었다.[36] 당시 오보는 명확하지 않은 소문을 각 언론사가 확대 재생산하면서 확산한 것으로 보인다. 2019년 세월호 유가족 등이 언론사 보도 책임자 등 8명을 위계에 의한 공무집행방해죄 혐의로 고소했으나 특별수사단에서는 고의로 보기 어렵다고 판단했다.[37] 언론의 잘못을 배제하더라도 정확한 보도가 이루어졌다면 정부와 해양경찰 등이 구조에 더 적극적으로 임하지 않았을까? 하는 안타까움도 있다. 현대는 미디어의 세상이라고 해도 과언이 아니다. 미디어의 홍수 속에서 살고 있고 그 영향을 많이 받는다. 재난의 상황에서도 미디어의 영향이 생존에 영향을 미치는 세상이 되었다. 미디어에 종사하는 사람은 더욱더 안전과 생명의 가치를 인식하고 존중할 줄 알아야 한다.

돌이켜 생각해 보면 현장에서 올바른 판단만 했어도 세월호가 기울기 시작했을 때 탑승자 모두 무사히 구조될 수 있었다. 세월호 선내에서는 학생들에게 '이동하지 말고 안전하게 대기해 주시길 바란다'[38]라는 방송을 하고, 비겁한 어른은 잠옷 차림으로 탈출했다. 아이들은 선생님과 승무원의 말을 너무 잘 들어서 탈출하지 않고 자리를 지키면서 누군가가 구해줄 것이라 믿고 있었을 것이다. 대한민국의 리더십은 대형 사고에 무기력했다. 국가 리더는 무엇을 했는지 아무도 몰랐고, 해양경찰 등 규제기관들은 어떻게 해야 하는지를 몰랐다. 생존자 172명 중 절반 이상은 해양경찰보다 오히려 늦게 도착한 어선 등 민간 선박이 구조했다.[39]

세월호 침몰 사고의 생존자 비율은 36% 정도다. 이 생존율은 100년 이전에 발생한 타이태닉 침몰 사고의 생존율 32%보다는 약간 높다. 그런데 타이태닉 사고에서 남성의 생존율이 20%인데 반해 세월호 사고에서는 2배가 넘는 40.8%이다. 여성의 경우는 정반대다. 타이태닉이 74.4%이고, 세월호가 29%이다. 남성 승무원의 경우 생존율이 타이태닉은 21.7%인데 세월호는 77.8%이다. 여성 승무원의 경우는 타이태닉이 87%인데 반해 세월호는 33.3%이다. 또한 세월호 사고에서 교사와 학생의 생존율이 가장 낮은 20%대 초반이다. 물론 남녀노소를 떠나 재난이나 사고에서 생존율을 높이는 것이 훨씬 바람직하다. 그러나 사고가 발생하면 어린이나 여성을 먼저 구출[21]해야 하고, 승무원이 가장 마지막에 탈출하는 것이 전 세계의 불문율이다. 세월호 침몰 당시 우리는 어떻게 처신했는지 생각해야 할 대목이기도 하다.

세월호 사고 원인에 대한 최초 조사는 사고 다음 날인 17일 검경합동수사본부를 구성하면서 시작됐다. 검경합동수사본부는 사고 이후 두 달 동안 승무원, 선사 임직원, 화물하역·안전 점검·운항 관리 관계자와 공무원 등 38명을 살인과 업무상 과실치사 등 혐의를 적용해 기소했다.[40] 이후에도 사고의 원인을 둘러싸고 많은 일들이 있었다. 2014년 '국회 세월호 진상규명 국정조사 특별위원회'와 2016년 4월 16일 발족한 '세월호 참사 특별조사위원회'가 있었지만 사고 원인에 대한 결론을 내지 못했다.

세월호 침몰 후 발견하지 못한 시신 수습을 위해 잠수부를 동원한 수색 작업을 시작했다. 수색 작업에 참여한 잠수부도 목숨을 잃는 사고도 있었다. 2014년 7월에는 사고 해역에서 실종자 수색 작업을 지원하고 춘천으로 복귀하던 강원도 특수구조단 소속 헬기가 추락하여 탑승자 5명이 모두 순직하는 사고도 있었다. 사고 이후 단원고등학교 교감,[41] 팽목항과 진도실내체육관에서 지원 업

---

21 비상시 선박에서 퇴선 순위를 WCF(Women and Children First)라고 한다. 이 용어는 1852년 영국의 함선(수송선) HMS 버큰헤드 난파 당시 로버트 새먼드 대령이 구명정에 여자와 어린이를 먼저 태우라고 지시한 것에서 유래하였다고 한다.

무를 해왔던 경찰관이 스스로 생을 마감했고,[42] 구조된 많은 사람이 외상 후 스트레스 장애(PTSD)[22]를 앓았다. 세월호 침몰 과정에서 의인들도 많았다. 23세 승무원은 학생들에게 구명조끼를 양보하며 탈출을 도우면서 배에 끝까지 남아 있다가 결국 사망했다. 단원고 교사도 학생들에게 구명조끼를 나누어주는 등 대피를 돕다가 사망했다. 한 학생은 선실에서 구명조끼를 친구에게 건네주고 물이 찬 선실에 갇힌 친구들을 구하려 물속으로 뛰어들었다가 돌아오지 못했다. 이분들 외에도 의인들이 있었다. 지금도 이런 기사를 검색해서 읽을 때면 나도 모르게 눈시울이 뜨거워진다.

그런데도, 대한민국의 무지·무능하고 무책임한 어른들은 침몰 원인, 책임, 인양, 보상 등 많은 것들에 대한 정치적 싸움만 하면서 허송세월했다. 양심 있는 어른들은 이유도 모르고 고통 속에서 죽어갔을 아이들을 생각하면서 가슴만 아파했고 할 수 있는 것이 별로 없었다. 대한민국의 리더십은 사고의 원인을 파악하고 제도적 개선을 위한 노력은 하지 않았고, 국민안전처라는 조직을 만들어 문제가 된 해양경찰 등을 관할하도록 하였다. 이 조직은 2017년 7월에 폐지되었다.

세월호 참사 원인 파악과 수습 과정 등에 대한 불신은 결국 몇 년 뒤 국정농단 사건과 연결되어 대통령이 자리에서 물러나는 결과를 낳았다. 세월호는 사고 발생 약 3년이 지난 2017년 3월 22일부터 인양을 시작했다. 대통령이 파면되고 12일 후의 일이다. 2017년 4월에는 세월호가 침몰한 근본 원인을 규명하기 위하여 '세월호 선체조사위원회의 설치 및 운영에 관한 특별법' 법률 제14734호를 제정하였다. 이 조사위는 2018년 8월 6일까지 운영하면서 세월호 침몰 원인에 대한 보고서를 발간했다. 세월호 침몰 사고 후 4년 4개월 만에 일

---

22 Post Traumatic Stress Disorder의 준말로 전쟁, 테러, 천재지변, 화재, 폭행, 성폭력, 교통사고, 트라우마 등 생명이나 신체를 위협할 정도의 극심한 스트레스를 경험한 후 나타나는 정신적 질병이다.

이다. 보고서는 '내인설'과 '열린안'으로 별도 발간하는 등 많은 논란이 있었지만, 주요 직·간접 원인을 대략 다음과 같이 기술하고 있다.

① 화물 과적과 고박 부실
② 여객선 불법 개조 등으로 인한 복원력 불량
③ 선장과 선원의 초동 조치 실패(원격으로 닫을 수 있는 수밀문도 개방)
④ 선박 안전에 대한 필요한 조치 미수행
⑤ 승무원 등 해양 사고를 대비한 비상 훈련 미실시
⑥ 선박의 안전 운항을 위한 관리체제 미시행 등

세월호 사고는 우리에게 몇 가지 숙제를 남겼다.

첫째, 세월호의 침몰은 대한민국 시스템의 실패이다. 재난이 발생하기 전까지 전 과정에서 규제기관들의 형태는 공정성과 거리가 멀었다.[43] 선사와 선원, 규제기관(인허가기관, 검사기관, 해양경찰, 관리총괄기관 등) 모두가 해양 사고에 대한 대응 방식이 무지했고, 매뉴얼도 부실하고 작동하지도 않았다. 평상시 관리도 부실하고 허술했다.

둘째, 거대한 재난에서 대한민국의 언론과 정치가 본연의 역할을 못 했다. 세월호 사고 당시를 돌이켜 보면 우리나라 국민이면 누구나 공감할 것이다. 언론의 오보로 인해 구조 타이밍을 놓치지 않았는지? 사고의 직접적인 원인과 간접적인 원인을 찾으려고 했는지? 세월호 사고를 통해 국민에게 무엇을 전달하려고 했는지? 언론이 바라보는 안전에 대한 가치는 무엇인지? 자극적인 내용만 찾아다니는 인기를 지향하는 유튜버와 무엇이 다른지를 되돌아보아야 한다. 정치는 세월호 사고와 동시에 침몰했다. 정당 간의 싸움으로 인해 세월호 인양에는 3년이라는 시간이 흘렀고, 원인 규명을 위한 첫 번째 조사위원회는 2년 뒤에 발족했으나, 여야 정당에서 추천한 위원들의 상반된 주장과 대립으로 인해 원인을 규명하지 못했다. 지금까지도 세월호 사고와 대응을 바라보는 정당 간의 시각은 판이하다. 이러한 재난 상황에서도 생명의 가치와 인간의 존엄보다 이데올로기가 우선인 이유를 우리와 같은 범인(凡人)들은 이해할 수 없다.

셋째, 규제기관의 리더십 부재이다. 재난의 4가지 원칙은 예방, 대비, 대응, 복구이다. 세월호 침몰 사고에 있어 예방과 대비가 실패했다고 해도 대응만 제대로 했으면 많은 학생의 목숨을 건졌을 것이다. 위정자부터 현장 해양경찰까지 리더십은 존재하지 않았다. 국가공무원법에서 공무원은 국민 전체의 봉사자로 규정하고 있다. 일반 국민보다 더 높은 사명감, 책임감 등을 요구하고 있다. 세월호 침몰 사고 대응에 있어 일부지만 공무원의 책임감과 사명감은 찾을 수 없었고, 사고 대응 관련 고위공직자들의 리더십도 없었다.

넷째, 고비용의 학습 기회마저도 놓쳤다. 안전에 중요한 요소 중의 하나가 사고가 발생하면 사고 원인을 철저히 밝혀 동종 또는 유사 사고를 막는 조치를 해야 한다는 것이다. 세월호 사고는 앞서 언급한 여러 가지 이유로 인해 다시는 해양 사고가 발생하지 않도록 하는 학습의 기회마저 놓쳤다. 세월호 사고 1년 후 2015년 9월 5일 낚시 어선 돌고래호가 침몰하여 15명이 사망하고 3명이 실종하는 사고가 발생했다. 탑승 인원에 대한 혼선과 구명조끼 관리 허술, 구조 골든타임도 놓쳤다.[44] 세월호 침몰 사고도 1993년 10월 10일 발생한 정기 여객선 '서해훼리호' 침몰23 사고의 원인을 망각하고 학습을 제대로 하지 못한 결과다.

'지킬 것들을 제대로 지켰다면, 세월호는 그렇게 출항하지 않았을 것입니다. 묶을 것들을 제대로 묶었다면, 세월호는 그렇게 넘어지지 않았을 것입니다. 닫을 것들을 제대로 닫았다면, 세월호는 그렇게 가라앉지 않았을 것입니다. 만약

---

23 서해훼리호 사고로 292명이 사망했다. 원인은 정원 221명보다 144명을 초과 승선시켰고, 화물을 과적한 것과 기상악화가 원인이었다.[45]

그랬다면, 배는 항구로 돌아오고 사람은 집으로 돌아올 수 있었을 것입니다.'
이는 세월호 선체조사위원회 종합보고서의 한 내용이다. 세월호 사고는 막을
수 있었다. 해양 사고 예방을 위해서는 선사와 선원, 규제기관들의 원칙에 입각
한 업무 수행이 무엇보다 중요하다. 재난 관리체계도 중앙집권방식과 분권화된
방식, 혼용 방식 중 무엇을 해야 하는지 미리 매뉴얼화 하고 훈련을 주기적으로
실시해야 한다.

찰스 페로Charles Perrow는 '정상 사고(Normal Accident)'에서 시스템의 상호작용과
복잡성에 따라 재난의 관리체계를 달리해야 한다고 주장하고 있다.[46] 세월호
의 침몰과 같은 촌각을 다투는 해양 사고 통제는 사무실에 있는 사람이 아닌,
일선 현장에서 직접 지휘하는 사람에게 모든 권한을 주어야 한다(분권화). 직책
이 높다고 사고 현장을 보지도 않는 사람이 현장의 여건 고려 없이 판단한다는
것은 애당초 불가능한 일이다.

테러리스트로 악명이 높은 오사마 빈 라덴 제거 작전을 지휘하는 모습이 공
개된 적이 있다. 미국의 버락 오바마 대통령이 사령관 옆에 쭈그려서 듣는 모습
이었다. 군작전이나 재난에 있어 현장 지휘방식과 대응 방식이 매우 중요하다.
그런데 우리나라는 권력 있는 사람이 현장 지휘를 하는 경우가 많다. 선진국들
은 현장을 잘 아는 전문가가 현장을 지휘한다. 권력자는 현장 지휘가 잘 이루어
지도록 지원할 뿐이다.

병원 화재 참사

2018년 1월 26일 07:30경 경남 밀양시 소재 세종병원에서 화재가 발생했다.
이 사고로 47명이 사망하고 145명이 부상을 입었다. 이렇게 인명 피해가 많은
원인은 세종병원이 일반 병원과 요양 병원을 동시에 운영하고 있어 거동이 불

편한 환자가 많았기 때문이기도 했다. 대피로가 확보되지도 않았고, 피난 대비 인력도 부족했다. 의사, 간호사, 간호조무사도 각 1명씩 사망했다.[47]

〈그림 1-5〉 세종병원 화재 모습[48]

사고의 원인은 병원 1층 응급실 내 탕비실 천장에서 전기적 특이점(콘센트용 전선에서 전기적인 원인)으로 화재가 발생한 것으로 추정했다.[49][50] 스프링클러도 작동하지 않았다. 법률상으로 6월 30일까지 설치하도록 하고 있어 그때까지 설치되지 않은 상태였다.[51] 비상 발전기도 작동되지 않아 승강기 작동이 멈춰 6명이 승강기에 갇혀 사망했다.

이 사고 발생 불과 1개월 전인 2017년 12월 21일 오후 제천시 소재 '노블 휘트니스 앤 스파'에서 화재가 발생했다. 이 사고로 29명이 사망하고 37명이 부상을 입었다. 건물 1층 주차장 배관에 열선을 설치하는 작업 중 천장 구조물에 불이 옮겨붙었고, 이것이 차량으로 떨어지면서 연소가 확대되었다. 이 사고에서 피해를 키운 원인은 불법 주차로 인한 초동 진화 지연, 피난로 상 적재물, 소방공무원 부족, 건축물 외장재 등의 문제가 있었다.[52]

정부는 제천과 밀양에서 연이어 발생한 화재에 대한 근본적인 대책 마련을
위해 정부 합동 '화재안전대책특별TF팀'을 운영하여 그 결과를 같은 해 4월 17
일에 발표했다. 주요 골자는 다음과 같다.

① 이용자, 안전 약자 등 사람 중심의 화재안전기준 및 제도 마련
② 소방대응시스템의 획기적 보강 및 국가 단위 총력 대응체계 강화
③ 가정과 직장 화재 안전 문화 조성과 확산을 위한 참여형 교육훈련 확대
④ 화재 안전 특별조사 실시, DB 구축, 화재 안전 정책 수립과 대국민 정보공개 등

그러나, 이후에도 많은 화재 사고가 발생했다. 안전의 대책은 수립하여 시행
한다고 해서 바로 그 성과가 나타나는 것이 아니다. 오래된 건축물에 대한 조치
와 국민의 안전 의식 수준을 높이는 데는 많은 시간이 든다.

〈표 1-12〉 연도별 화재 발생 현황[53]

구분		2018	2019	2020	2021	2022
발생건수		42,338	40,103	38,659	36,267	40,113
인명 피해 (명)	사망	369	285	365	276	341
	부상	2,225	2,230	1,918	1,854	2,327
재산피해(백만)		559,735	858,496	600,475	1,099,125	1,210,397

화재는 다른 재해와는 다른 몇 가지 특징을 가지고 있다.

먼저, 사고의 원인을 알지 못하는 경우가 많다. 화재가 발생하면 발화 원인까
지 불타 버리고, 소화하는 과정에서 손실되는 경우가 많다. 그래서 실화인지 방
화인지도 모를 수 있다. 전기가 점화원으로 작용했으면 누전인지, 단락인지, 차
단기는 왜 작동하지 않았는지 등 이해하기 어려운 부분이 많을 수 있다. 그래서

대책을 세우기도 쉽지 않다.

둘째, 인명과 재산 피해가 크다. 많은 사람이 화염이 아닌 연기로 인한 질식으로 사망한다. 공장과 집의 모든 물건이 잿더미가 되는 등 재산상의 손실도 다른 사고에 비해 크다.

셋째, 건조한 날씨와 계절에 많이 발생한다. 국가통계포털의 화재 발생 현황에 따르면 2018년부터 2022년까지 발생한 197,480건의 화재 사고 중 날씨가 건조한 12월부터 4월까지 94,124건(48%)이 발생했다.

〈표 1-13〉 월별 화재 발생 현황[54]

합계	1월	2월	3월	4월	5월	6월
	19,558	18,677	18,693	19,038	16,754	14,610
	9.9	9.5	9.5	9.6	8.5	7.4
197,480	7월	8월	9월	10월	11월	12월
	14,530	14,898	12,681	14,900	14,983	18,158
	7.4	7.5	6.4	7.5	7.6	9.2

화재가 발생하면 인명 피해가 크다. 왜 화재가 발생하면 많은 사람이 피해를 입을까? 화재가 발생하면 사람은 어떤 행동을 하기 때문일까? 일본 오사카 명예교수를 역임한 오카타 코세이가 주장한 군중행동의 법칙성을 소개한다.[55]

① 항상 사용하고 있는 출입구나 계단으로 향한다. 동물은 신변에 위험을 느끼면 원래 왔던 길로 되돌아가는 습성이 있다는 것이다.
② 밝은 쪽을 향한다. 연기에 둘러싸였을 때는 밝은 방향으로 이동한다는 것이다.
③ 다른 사람을 따라간다. 상황이 긴급하면 아무런 생각 없이 앞 사람을 따르는 경향이 있다.

④ 불과 연기를 겁낸다. 인간의 본능이다.

⑤ 좁은 곳으로 도망친다. 불이나 연기에 휩싸였을 경우 보이는 행동이라고 한다.

　사람이 상주하는 상업 시설이나 공간을 설계할 때는 사람의 습성을 고려한 비상구 설치, 비상 통로, 조명 등의 피난 계획이 필요하다. 정부는 건축물을 신축할 때부터 비상시를 고려한 건축물이 되도록 감독하여야 한다. 건축주는 화재가 발생하지 않도록 전기설비 등을 올바르게 공사를 하여야 하고, 화재가 발생하더라도 초기 진압이 가능하도록 적정 소화설비를 비치하여야 한다. 작업자나 시설 사용자는 화재가 발생하지 않도록 가연성 물질이나 점화원을 안전하게 사용·관리하여야 한다. 모든 주체가 화재 예방을 위한 행동을 시작할 때이다.

전통 산업현장 사고

　산업현장에서 연간 800여 명 넘는 사람이 업무상 사고로 사망한다. 건설업에서 가장 많이 발생하고 제조업이 다음으로 발생하고 있다. 국내외를 막론하고 제조업 중에는 전통적으로 사고에 취약한 고위험 업종이 존재한다. 그 대표적인 산업이 조선과 철강 산업이다. 그리고 사고가 발생하면 재난으로 이어질 수 있는 산업이 원전·해양·항공과 화학산업이다. 원전과 해양, 항공산업은 개별 안전 법령에 따라 별도 규제와 통제가 이루어진다.[24] 화학산업은 모두 산업안전보건법 적용을 받는다.

　시대가 변해도 사고가 끊임없이 일어나는 전통적 산업은 단연코 조선업이다. 조선업은 때로는 일반적인 건설공사보다 더 공정이 복잡하고, 중량물을 다루

24　"원자력안전법", "항공 안전법" 적용을 받는 사업장은 산업안전보건법 일부를 면제하거나 적용을 받지 않는다.

며, 용접 작업과 고소작업이 동시에 이루어지는 곳이다. 중장비도 다양하고 많이 사용한다. 도장작업도 하고 때로는 선박 건조 작업 중 밀폐공간이 생기기도 한다. 조선업 작업자는 떨어짐, 감전, 화재·폭발, 부딪힘, 질식이나 중독, 소음, 분진 등 많은 유해·위험 요인에 노출되고 있다. 이 장에서는 조선소와 철강공장에서 발생한 사고에 대해 살펴 보고자 한다.

2017년 5월 1일 국내 한 대형 조선소에서 800톤 용량의 골리앗 크레인과 32톤 지브형 크레인이 부딪쳐 지브형 크레인의 메인 지브와 와이어로프가 낙하하면서 간이 화장실 인근에 있던 근로자를 덮쳐 6명

〈그림 1-6〉 지브형 크레인 지브 모양[57]

이 사망하고 25명이 다치는 큰 사고가 발생했다.[56]

사고는 골리앗 크레인이 이동하면서 작업 중이던 지브형 크레인과 충돌하여 발생했다. 이 사고의 원인은 크레인 신호수 배치의 문제, 크레인 충돌을 대비한 구체적 방법이 정해져 있지 않은 등 여러 가지가 있었다. 크레인 운전자의 전방 주시 소홀과 관리감독자의 작업지휘 소홀 등도 문제로 제기되었다. 이 사고는 발생일로부터 5년 만에 원청과 하청대표가 "안전조치 의무 위반"으로 유죄를 선고받았다.[58]

국내 조선업은 산재보상보험법을 기준으로 8천여 개의 사업장이 있다. 근로자는 12만여 명이 넘는다. 조선업의 사망사고는 과거에 비해 줄어들기는 했으나, 여전히 연간 10여 명이 넘는 사람이 작업 현장에서 목숨을 잃는다. 최근 5년간 사망자 195명 중 58명이 업무상 사고로 사망했다.

연도	사업장 수	근로자 수	업무상 사망자 수		
			계	사고	질병
2023	8,080	127,279	51	9	42
2022	7,609	127,758	47	11	36
2021	7,298	137,123	40	12	28
2020	7,466	143,446	28	17	11
2019	7,351	143,999	29	9	20

주) 조선업: 제조업-선박 건조 및 수리업 기준

〈그림 1-7〉 조선업 사망사고 형태

최근 5년간 사망사고의 발생형태는 "떨어짐"이 19(33%)건으로 가장 많고, 다음이 "끼임"과 "물체에 맞음" 순으로 발생한다. 기타 형태로는 부딪힘 3명, 사내 교통사고 2명, 산소결핍 2명이 발생했다. 사고의 형태가 조선업의 특징을 반영하고 있다.

2013년 5월 10일 국내 모 제철공장 전로 안에서 작업 중이던 근로자 5명이 질식으로 사망했다. 사고는 아르곤 가스 누출로 산소가 부족해지면서 일어났다. 작업이 끝나지 않은 상태에서 해당 배관에 아르곤 가스를 주입하면서 누출이 발생했다. 사망자는 내화물을 전문적으로 시공하는 협력업체 근로자들이었다. 사고는 내화 작업과 아르곤 가스 주입 작업을 같이 진행하면서 아르곤 가스가 전로 내부로 흘러 들어가 발생했다. 이 사고는 기본적인 몇 가지 안전조치만 했어도 발생하지 않았을 것이다.

위 사업장과 같은 철강 산업은 제철, 쇠 관련 주물 주조, 제강과 제선, 압연,

표면처리 등을 포함한다. 철강 산업에서의 유해·위험 요인은 끼임, 부딪힘, 물체에 맞음과 근골격계질환 등이 대표적이다. 그리고 화학물질(산, 알칼리, 윤활제, 도금 물질 등) 사용으로 인한 눈, 피부, 호흡기 장애 등의 유해성도 존재한다.

철강 산업은 조선업 관련 산업에 비해 사업장 수는 절반에 불과한데도 사고 사망은 더 많이 발생하고 있다. 그 이유는 철강 산업이 조선업보다 개별 협력업체의 규모가 작고 더 열악한 작업환경에서 근무하기 때문으로 보인다.

〈표 1-15〉 철강업 사망자 현황

연도	사업장 수	근로자 수	업무상 사망자 수		
			계	사고	질병
2023	3,295	90,476	44	13	31
2022	3,319	91,211	30	12	18
2021	3,293	89,698	32	13	19
2020	3,312	91,308	25	12	13
2019	3,348	90,470	39	18	21

최근 5년간 철강 산업은 고소작업이 많은 조선업과 달리 기계설비를 이용한 작업이 많은 특성상 "끼임" 사고가 31%로 가장 많이 발생했다. 또 열원을 많이 사용함으로 인해 "화재·폭발"이 많은 것도 산업의 특성 때문이다. 기타 형태로는 "물체에 맞음"이 5명, "이상 온도 접촉" 4명 등이다.

이 두 산업의 공통된 특징은 설비가 대형이고 중량물을 다룬다. 전통적 위험 산업은 과거와 현재도 유사한 사고가 발생하고 있다. 조선 산업은 대부분 생산 활동 중에 발생하고 있고, 철강 산업은 점검 또는 유지보수 중에 많이 발생한다. 이처럼 전통의 고위험 산업은 산업 고유 특성이 가지고 있는 위험에서 사고

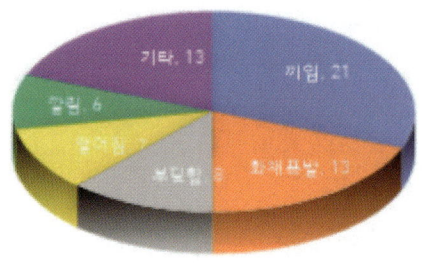

〈그림 1-8〉 철강업 사망 형태

가 발생하는 경향이 있다. 전통적 위험 산업에 있어 사고 예방은 이러한 관점에서 이루어져야 한다. 고유한 위험 특성에 대한 시스템적 방어력을 높이면 사고를 효과적으로 예방할 수 있다.

화학 사고

2013년 3월 14일 21시경 전남 여수시 화학공장에서 폭발 사고가 일어나 6명이 숨지고 11명이 중경상을 입었다. 사고는 사일로 하부 측면에 맨홀을 붙이는 작업 중 용접 불똥에 의해 고밀도폴리에틸렌(HDPE) 분진이 폭발하면서 발생했다. 실제 작업을 수행하는 협력업체가 폴리에틸렌 사일로의 위험성을 인지하지 못했다. 그로 인해 사일로 내부에 남아 있는 폴리에틸렌 분진을 물로 충분히 세척하지 않은 채 화기 작업을 했다.[59]

이외에도 국내·외를 막론하고 화학산업에서 종종 대형 사고가 발생하고 있다. 대표적으로 보팔과 BP 사고가 그랬고, 그 외에도 여러 국가에서 발생하고 있다. 화학산업은 대단히 위험한 산업에 포함된다. 일단 사고가 발생하면 대형 사고로 이어질 가능성이 매우 높다. 많은 화학물질을 다루고 그 화학물질의 반응을 이용하여 제품을 생산한다. 이 반응으로 인해 대부분 에너지가 커지고 인화성 또는 가연성 가스 등에 점화원이 작용하여 화재·폭발이 일어난다.

〈그림 1-9〉 폭발 사고 현장[60]

예일대학교 사회학 교수인 찰스 페로는 석유화학 공장이 대단히 긴밀하게 연계되어 있고, 복잡한 상호작용을 일으키는 요소들을 갖고 있다고 했다.[61] 그 정도를 DNA 재조합, 원전, 핵무기와 같은 시스템 사고의 위험을 안고 있는 그룹으로 분류했다. 그러나 원전과는 달리 적절한 노력을 기울이면 개선이 가능한 시스템으로 보았다.

화학공장은 원전보다 사고의 여파가 작을 수 있지만 여전히 대형 참사의 위험을 안고 있다. 화학공장은 그 위험성에 비해 큰 사고가 발생해도 상대적으로 근로자 피해가 적다. 그 이유 중 하나는 노동력을 많이 사용하지 않기 때문이다. 그러나 공장의 규모가 커지고 주거 지역과 가까워졌다. 새로운 위험한 물질을 개발하고 다룬다. 이런 점에서 다른 제조업과 비교하여 위험성이 크고, 주민들의 피해 가능성을 내포하고 있다. 국내 화학사고 중 주민 피해가 클 뻔한 사고는 2012년 발생한 구미 불산 누출 사고다. 작업장에 있던 5명의 근로자가 사망했다. 다행스러운 것은 당일 바람이 주거 지역 방향으로 불지 않아 주민의 피해가 거의 없었다는 것이다.

국내에는 화학공장이 적용받는 법령이 여러 가지가 있다. 대표적으로 화학물질관리법(화관법), 화학물질의 등록 및 평가 등에 관한 법률(화평법), 산업안전보건법(산안법), 고압가스 안전관리법 등등을 적용받는다. 화관법에서는 화학물질의 제조하거나 수입하려는 사람은 화학물질 확인 내용을 환경부 장관에게 제출하도록 하고 있다. 이 법에서는 유해화학물질에 대한 취급과 시설에 대한 안전관리 기준과 화학사고 대응 기준도 규정하고 있다.

화평법은 화학물질의 제조하거나 수입하려는 사람은 그 전에 환경부 장관에게 등록하는 기준과 절차 등을 정하고 있다.

산안법에서는 제44조부터 제46조 공정안전보고서(PSM) 작성 · 제출 등에 대한 내용을 정하고 있다. 산안법은 크게 두 범주로 PSM 제출 대상을 규정한다. 한 범주는 누출, 화재 · 폭발 위험이 있는 7개 업종이 이에 해당한다. 또 다른 범주는 유해 · 위험물질을 일정 규정량 이상 제조 · 취급 · 저장하는 설비와 그 설비의 운영과 관련된 모든 고정설비에 대해 PSM을 제출하도록 하고 있다. PSM에는 공정자료와 공정 위험성 평가서, 잠재 위험에 대한 사고 예방과 피해 최소화 대책, 안전운전 계획, 비상조치 계획 등이 포함되어야 한다.

화학물질을 다량으로 취급하는 공장에는 많은 유해 · 위험 요인이 존재한다. 하나하나의 유해 · 위험을 찾아서 개선하는 것은 두더지 잡기와 같다. 끝도 없다. 시스템적으로 관리해야 한다. 위험성 평가도 HAZOP이나 FEMA 등에 한정하지 말고 3세대 도구를 사용하는 시도를 해야 한다. 그래야 발견하지 못한 잠재적 위험이 도출될 가능성이 높다.

화학공장에서 누출과 화재 · 폭발 등의 사고가 발생하면 대형 사고로 이어질 수 있다. 많은 주민과 근로자 그리고 주변 환경이 피해를 보기도 한다. 요즘의 사고는 정상 운전보다는 정기적 또는 비정기적으로 행해지는 정비나 수리 시에 주로 발생하고 있다. 정비나 수리는 대부분 협력업체에서 담당한다. 협력업체의 안전관리 역량이 필수다. 원청뿐만 아니라 협력업체의 역량 제고를 위해 많은 지원도 필요하다. 협력업체와의 소통도 필수다. 협력업체를 내부 조직이나 구성원으로 생각하고 지원해야 한다. 현대는 생산과 안전 등 모든 면에서 협력업체의 역량을 높이도록 하는 것이 우리 회사의 경쟁력을 높이고 지속 가능한 경영임을 인식하여야 한다.

리튬 전지 사고

2024년 6월 24일 10:30경 경기도 화성시에 있는 리튬 1차 전지 제조공장에서 화재가 발생했다. 이 사고로 23명이 사망하고, 8명이 부상을 입었다. 사망자 중 외국인이 18명으로 대다수이다.[62] 그동안 국내 제조업에서 발생한 사

〈그림 1-10〉 화재 진압 후 모습

고 중 인명 피해가 가장 컸던 것 같다.

작업장 내부 CCTV를 보면 화재는 리튬 배터리가 폭발하면서 빠른 시간에 연쇄적으로 불길이 다른 배터리로 옮겨붙어 번졌다. 낮인데도 인명 피해가 컸던 이유는 초기 진화에 실패하면서 대피가 신속하게 이루어지지 않았다. 주로 사용하는 출입구 쪽에서 화재가 발생한 것이 대피를 어렵게 만든 원인으로 작용한 것으로 보인다.

리튬은 물 반응성 물질로 산업안전보건기준에 관한 규칙 제225조에서 물과의 접촉을 금지하도록 규정하고 있다. 리튬이 수분과 접촉하는 경우 많은 열과 수소가 발생한다.

$$Li + H_2O \rightarrow H_2 + LiOH^{[63]}$$

화재가 발생한 공정은 리튬 1차 전지 제조공정으로 음극은 리튬, 양극은 카본, 전해액으로는 염화티오닐(Thionyl Chloride)을 사용한다. 리튬 전지는 리튬과 염화티오닐의 산화 · 환원반응 전위차를 이용하는 것으로 전기화학 반응이 비가역적인 전지이다. 전해액인 염화티오닐도 수분과 접촉하는 경우 부식성과 급성독성 가스가 발생한다.

$$SOCl_2 + H_2O \rightarrow SO_2 + 2HCl^{[64]}$$

리튬-염화티오닐 전지는 높은 에너지 밀도와 넓은 운전 온도 등의 장점을 가지고 있어 주로 군대에 많이 사용한다. 단점은 형태에 따라 다르기는 하나, 전기결함[25] 또는 취급 부주의[26] 등으로 단위 전지가 과열, 발화하면서 주변 전지로 열전달과 열 폭주가 일어나 소화가 어렵게 되고 화재가 확산한다는 것이다. 따라서 전해액이 주입된 이후부터 안정화 시기까지는 발열 추적 등 위험물로 관리하는 것이 바람직하다.

---

25 분리막 자체 결함에 따른 단락과 전해액 주입 후 분리막 파손에 의한 단락, 전해액 누액에 따른 단락이 형성될 수도 있다.

26 외부 도전체가 음극과 양극에 접촉하여 단락이 형성되어 과열이 발생하기도 한다.

<표 1-16> 리튬-염화티오닐 1차 전지 장단점

장점	단점
• 높은 에너지 밀도 • 낮은 자가 방전(연간 1% 이하) • 긴 저장 및 작동수명 • 넓은 운전 온도(-55°C ~95°C)	• 열, 충격에 취약 화재 · 폭발 발생 • 물과 접촉 시 급성 독성물질 발생

최근 친환경[27] 자동차인 전기자동차 판매량이 증가하고 있다. 극히 일부지만 전기차는 외부 충격 또는 충전 중 화재가 발생하고 있다. 전기차는 현재 화재가 발생하면 소화가 거의 불가능한 경우가 대부분이다. 질식 소화포를 이용하는 방법 등 일부 화재 진압 방식이 있으나 화재가 발생한 장소 근처에 소화포가 없으면 이미 화재가 난 차량은 손 쓸 수 없게 된다. 물속에 넣는 방법도 있으나 이동의 한계가 있어 현실적으로 어렵다. 전기차에서 화재가 발생하면 다른 차로의 확산 방지를 위한 화재 진압이 최선이라는 것이 현장 소방관의 전언이다.

화성 화재 사고로 위험성 평가 인정제도[28]와 안전보건 관리체계 구축 컨설팅[29]이 도마에 올랐다. 제도의 도입 때부터 사업을 추진하는 조직에서조차 많은 논의가 있었다. 소규모 사업장의 위험성 평가 역량이 높지 않고, 위험성 평가 제도 도입이 오래된 선진국조차도 위험성 평가가 제대로 정착되지 않고 있는 데에 대한 위험성 평가 인정제도의 문제 제기가 있었다. 그래서 산재보험 감면이라는 인센티브를 내걸었다. 많은 사업장에서 위험성 평가 활성화가 이루어질

---

27 배터리 수명이 다하면 배터리 폐기에 따른 환경문제가 대두될 우려가 있어 실제 전기자동차를 친환경 자동차로 볼 것인가는 조금 더 세월이 지나야 알 수 있을 것이다.

28 상시근로자 50인 미만 사업장에서 위험성 평가 인정을 신청하면 안전보건공단에서 사업주의 관심도 등 13개 항목(100점 만점)에 대해 평가하고 70점(25년부터 90점) 이상이면 위험성 평가 우수사업장으로 인정한다. 우수사업장으로 인정을 받으면 산재보험을 3년간 20%를 감면 혜택을 받는다.

29 중대재해처벌법 시행에 따른 50인 미만 사업장의 안전보건 관리체계 구축지원을 목적으로 안전보건공단 주관으로 직접 공단에서 컨설팅을 수행하거나, 전문기관에 위탁하여 수행케 하는 사업이다.

것이라는 기대에서다. 실제로 위험성 평가를 하고 있지 않은 많은 사업장에서 위험성 평가를 도입한 계기가 된 것 또한 사실이다. 다만, 위험성 평가 인정을 계속 국정 과제로 채택하면서 목표 달성 위주로 추진하게 된 것도 있다. 위험성 평가 인정을 받아 산재보험료를 감면받고 있는 사업장에 대한 사후 심사에서 매몰차게 평가하지 못한 면도 있다.

위험성 평가가 사고 예방의 만병통치약인가? 사업주 · 안전 관계자 · 근로자가 작업장의 모든 위험을 예측할 수 없다. 예측하더라도 보통은 자기네 사업장과 작업의 위험성을 낮게 평가한다. 이렇게 낮게 평가한 위험에서 사고가 발생하기도 한다. 위험성과 그 크기는 사업장의 상황(근로자, 계절, 생산 조건, 기계설비 상태, 기업 환경 등)에 따라 수시로 변화할 수 있다. 다른 안전 활동과 병행하여 안전 관리를 해야 좀 더 효율적이고 효과적으로 사고를 예방할 수 있을 것이다.

안전보건 관리체계 구축 컨설팅도 마찬가지다. 밥을 먹여 주는 것이 아니라 밥 짓는 법을 가르쳐 준다. 사고가 발생했다고 해서 왜 밥을 떠먹여 주지 않았느냐 탓한다면 안전관리를 체계화하여 사고를 예방하자는 컨설팅 원래의 취지와 목적에 벗어나 당장은 아니더라도 언젠가는 더 많은 사고가 날 것이다.

우리는 큰 사고가 발생하면 현재의 제도를 탓한다. 잘못된 제도나, 그 기능을 상실한 제도는 고쳐야 한다. 그럼에도 원래의 취지나 그동안의 효과를 냉정하게 평가하여 존폐를 결정해야 한다. 특히 제도를 없앨 때는 많은 의견을 수렴하고 심사숙고해야 한다. 한 번의 판단이 많은 시간을 낭비할 수 있기 때문이다.

현대는 기술이 엄청난 속도로 발달하고 있다. 기술과 과학의 발전으로 삶의 질은 좋아졌다. 스마트 안전 장비 개발 등으로 안전 기술도 좋아지고 있다. 그런데 리튬 전지와 같은 새로운 기술이 더 위험을 생산하기도 한다. 또, 신기술의 안전에 대한 검증도 어렵고 검증을 위한 시간도 많이 소요된다. 고장이나 오류, 사고 사례도 있어야 한다. 그에 따른 연구도 이루어져야 한다. 새로운 기술이 안전하게 정착되기 위해서는 각 계층의 노력과 안정화의 시간이 필요하다.

□ 국내 안전관리의 문제

시스템 또는 경영의 불량이나 인간과
기계 사이의 문제와 같은 것이
쌓이고 쌓여서 실수가 일어난다.[65]
– 하가 시게루 –

　국내 산업 분야의 안전관리는 산업안전보건법이 제정된 1981년 이후부터 시작되었다고 할 수 있다. 이후에도 정부의 주도는 미약했고, 일부 산업계에서는 산업안전보건법에 대응하기 위한 안전관리만을 실시하였다. 정부와 공공 주도의 안전 정책은 안전보건 전문조직인 한국산업안전보건공단이 생기면서부터 본격적으로 시작했다 해도 과언이 아니다. 사업장 안전보건 기술 지도와 안전보건교육, 사고조사 지원, 안전보건 정책 또는 기술 연구 등이 이루어졌다.

　이후 위험 기계에 대한 검사제도,[30] 화학공장의 공정안전보고서(PSM) 제도, 물질안전보건자료(MSDS) 제도 등 사고와 질병 예방을 위한 제도들을 새로이 도입하였다. 새로운 안전 제도의 도입에 따라 정부의 감독 필요성도 높아졌고, 산업현장은 이에 대응하기 위한 안전 조직을 구성하고 새로운 제도에 적응하기 위해 노력했다. 안전 제도의 도입과 사업장의 안전 활동으로 1990년대부터 2010년대까지 산업재해가 많이 감소했다.

　그럼에도 여전히 건설업과 조선, 철강 등 전통적인 제조업에서 사망사고가 빈발하고 있고, 화학공장과 전자산업에서의 화학물질에 의한 사고의 발생이 여

30　산업안전보건법에서 정한 위험 기계 · 기구 및 설비에 대한 검사제도가 2009.1.1.부터 안전 인증과 안전 검사 제도로 변경되었다.

전히 높은 현실이다. 기술이 발달하고 산업이 발전하면서 새로운 위험이 생겨나고 있다. 안전 제도나 활동의 대응은 새로운 위험 발생이 뒤따를 수밖에 없는 구조적인 문제를 안고 있다. 따라서 위험을 생산하는 당해 기업의 안전 활동과 안전보건 관리시스템, 기업문화가 안전 확보의 중요한 부분을 차지한다. 기업의 적극적인 자율 안전관리가 가장 필요한 시점이기도 하다.

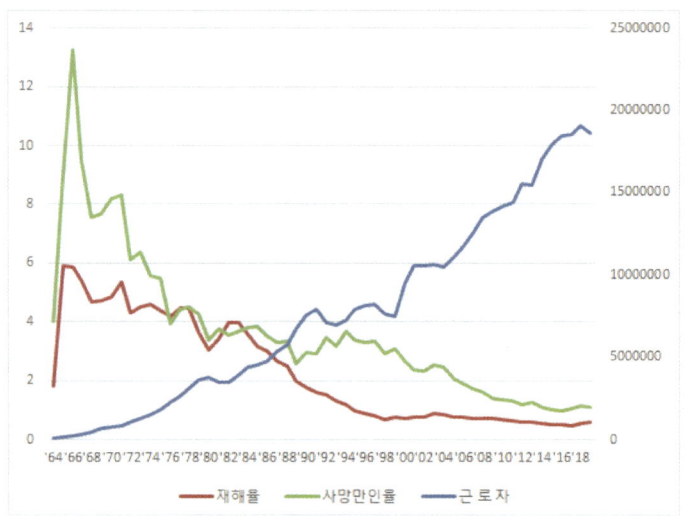

〈그림 1-11〉 산업재해 발생 추이[66]

그런데 국내의 많은 기업은 자율적 안전관리가 잘 이루어지지 않고 있다. 거기에는 많은 원인이 있다. 동종업종 간 과당경쟁, 생산 우선, 생명 경시 등의 사회적 문제와 보여주기식 안전관리, 법 집행의 느슨함 등이 안전관리의 한계를 한층 가중하고 있는 것으로 보인다.

생명 가치의 경시(輕視)

2023년 국내에서 발생한 산업재해로 인한 사고사망자는 812명이다. 1년 중 일할 수 있는 날 250일 정도를 기준으로 하루에 3명 이상이 사고로 사망한다. 업무상 질병으로 인한 사망자를 합치면 2,016명이 산업현장에서 사망했다. 최근 5년간 사고사망자는 증가와 감소를 반복하고 있고, 질병으로 인한 사망자는 오히려 증가하는 추이에 있다.

〈표 1-17〉 최근 5년간 산재 사망자 현황[67]

구 분	계(명)	사고 사망자 수	질병 사망자 수
2023년	2,016	812	1,204
2022년	2,223	874	1,349
2021년	2,080	828	1,252
2020년	2,062	882	1,180
2019년	2,020	855	1,165

이렇게 국내에서 산재로 인한 사망자가 줄어들지 않은 데에는 많은 원인이 있다. 그중 하나가 일하는 사람의 생명에 대한 경시 때문일 것이다. 1960년대부터 추진해 온 경제성장 위주의 정책과 사회 분위기 속에서 안전보다는 생산을 훨씬 더 중시해 왔다. 짧은 기간 동안 정해진 목표를 달성하고자 수단과 방법을 가리지 않고 성장 지상주의를 최고 가치로 여기는 한국의 돌진형 근대화 (rush-to modernization)[68]가 하나의 원인이기도 할 것이다.

〈그림 1-12〉 경부고속도로 건설 순직자 위령탑

경부고속도로 금강휴게소 인근에 가면 경부고속도로 건설 당시 사망한 근로자에 대한 위령탑이 있다. 정식 명칭은 경부고속도로 순직자 위령탑이다. 이 탑은 1968년부터 1970년까지 진행된 경부고속도로 건설 도중 사고로 사망한 이들의 넋을 기리기 위한 위령탑이다. 이은상 시인의 비문도 새겨져 있다. 글의 내용 중에 경부고속도로 건설 도중 사고로 사망한 77명의 근로자를 산업 전사로 표현했다. 전사(戰士)는 전쟁하는 사람이라는 뜻이다. 우리나라는 60~70년대부터 일하다 사망한 사람들을 산업 전사라고 했다. 태백에도 광산 근로자를 위한 '산업 전사 위령탑'과 비문이 있다. 고도성장의 어두운 면이기도 하다. 속도와 효율성을 숭배하고 이것이 높은 수준의 위험을 감수하는 모험적 성향으로 발전함으로 많은 위험이 사고로 이어지는 것 같다.

국내의 많은 CEO는 안전을 비용으로 생각한다. 이익을 극대화하고 비용을 줄이기 위해 안전이 뒷전이 된다. 안전 가치보다 생산 가치가 우선시 되면서 안전 확보가 어렵게 된다. 그런데 역설적으로 사람의 생명을 지키지 못하면 훨씬 더 비용이 많이 들기도 한다.

조선일보 2021년 5월 27일 자 신문 '인명사고 나면 거의 공장 전체가 스톱…수백억씩 손실'이라는 기사가 났다. 조선소의 사망사고로 인해 정부의 '작업 중지'가 내려져 협력업체를 포함하여 매일 13억 원의 매출 손실이 발생한다는 것이다. 맞는 이야기이다. 요즘에는 산업재해로 인한 사망사고가 발생하면 정부(규제기관)가 '작업 중지' 명령을 내린다. 사고 발생 이전에 안전시설 투자에 드는 돈보다 훨씬 더 비용이 들기도 한다. 이 점을 CEO들은 간과하면 안 된다. 사망사고와 같은 큰 사고가 자주 일어나지 않아서 임기 중에 발생할 확률이 없을 것이라는 착각을 하기도 한다.

다국적 화학 기업인 듀폰의 회장 엘뢰테르 이레네 듀폰은 '안전하게 작업할 수 없다면, 절대 작업하지 않는다(1817년).'라는 방침을 천명한 이래 이백 년 이상 세계 일류기업을 유지하고 있다. 기업의 CEO부터 인간 생명에 대한 존중을 새기고 실천해야 한다. 나의 목숨이 중요하면 다른 사람의 생명도 중요한 법이다. 생명을 지키기 위해서라면 생산을 멈출 수 있어야 한다. 사람을 사랑할 줄 알아야 한다.

우리나라의 생명 경시 현상에는 우리 사회의 과도한 경쟁이 하나의 원인일 것이다. 우리 사회는 어려서부터 직장에서 은퇴할 때까지 경쟁하며 살아간다. 1등만이 살아남는다고 교육을 받는다. 부모는 공부 잘한 친구들과 비교하고, 직장에서는 승진과 연봉으로 경쟁한다. 정치에서도 이기면 선거법 위반 등의 잘못을 묻지 않던 시절도 있었다. 그래서 이기기 위해 수단과 방법을 가리지 않는 문화가 뿌리 깊이 생겼다. 이러한 오래된 문화에서 생명을 존중할 리 만무하고, 사람을 사랑하는 마음이 생기겠는가?

안전 의식 실종(失踪)

또 다른 우리나라의 안전에 대한 문제는 안전 의식과 관련이 있다. 생명 경시의 일부 원인으로도 작용하지만, 생명 존엄이라는 부분과 구분하기 위해 안전의식의 실종을 우리나라 안전관리의 두 번째 문제로 생각한다.

안전 가치는 기업을 운영하는 사람과 우리 사회의 지도층이 가져야 할 덕목 중 가장 중요한 요소이다. 과거에는 먹고 살기 위해 어쩔 수 없이 경제와 생산에 초점을 맞추어 수십 년의 세월을 보냈다. 저개발국가에서 개발도상국까지는 성장만능주의 정책이 통했다. 이제는 대한민국의 국민소득이 3만 불을 넘고 명실상부 선진국 반열에 올랐다. 디지털 문화의 확산, K-팝, K-방역, K-푸드, K-뷰티 등등 K-컬처로 인해 우리나라의 위상이 여러 분야에서 높아졌다. 외국 군대의 도움을 받던 나라에서 후진국에 도움을 주고, 파병하고, 선진국과 어깨를 나란히 하면서 세계 10위권의 역량을 갖춘 나라가 되었다.

경제가 선진국 수준으로 성장하고, 국가 위상은 높아졌다. 그러나 국민들 삶의 행복지수는 떨어지고 산재사고는 다른 선진국에 비해 훨씬 많이 발생하고 있다. 이유는 무엇일까? 소위 우리 사회의 지도층과 권력의 위치에 있는 사람들의 가치가 안전보다는 성장에 있는 게 원인 아닌지? "안전제일!" 말은 하지만 현실과 실상황에서는 어떤가? 급박한 위험이 있으면 생산 라인을 세울 수 있을까? 정말로 반도체와 제철소 라인을 정지시킬 수 있는가? 말로만 가능하지는 않은가?

"작업 중지" 권한은 산업안전보건법에서 근로자의 권리로 보장하고 있다. 그런데 몇 년 전까지 단 한 건의 사례도 보도되지 않았다. 최근에 와서야 일부 대기업에서 근로자에게 작업 중지 권한을 부여하고 있다. 바람직한 현상이기는 하지만 말로만의 권한이 아닌 실제 행위가 이루어지도록 해야 한다.

우리 사회는 대형 사고가 발생하면 야단법석이다. 정치인이나 규제기관의 관료, 교수와 사회지도층의 전문가도 그 법석에 동참한다. 그런데 대형 사고의 원인조사나 후속 조치에는 미온적이다. 또 대형 사고의 원인을 정치적 관점으로 보거나 해석하는 경향이 짙다. 세월호 침몰 사고와 이태원 참사를 보면 알 수 있다.

국민의 안전 의식 수준도 높은 편이 아니다. 화재와 같은 대형 사고가 발생했을 때 잠시 안전 의식이 높아졌다가 시간이 조금만 지나면 마치 아무 일도 없었던 것처럼 된다. 행동은 생각을 따른다. 내면의 생각이 바뀌지 않았는데 행동이 바뀌겠는가.

제천스포츠센터 화재 사고 발생 당시 도로에 주차 차량 때문에 화재 진압 등 대응이 늦어 더 많은 희생자가 발생했다는 보도가 있었다. 며칠 뒤 여전히 불법 주차가 만연하다는 언론의 보도가 있었다. 주차 차량 때문에 소방차가 먼 곳을 우회할 수밖에 없었다는 것을 알고 있는 시민들의 양심이 아래의 사진이다. 이것이 우리나라 시민 안전 의식의 현주소다. 물론 주차할 수 있는 공간을 충분히 확보하는 환경도 필요하다.

〈그림 1-13〉 4일 후 도로 모습[69]

안전은 타자[70]의 원리이다. '나한테는 사고가 일어나지 않는다'라고 생각한다. 우리는 가끔 사고를 보거나 지면으로 읽지만, 희생자들은 우리가 아닌 다른 사람들이다.[71] 다수의 사람은 자신이 보통의 운전자보다 더 나은 운전자라고 믿고,[72] 다른 사람이 쓰는 제품 때문에 해를 당하는 경우가 평균보다 덜할 것이라고[73] 믿는다. 그래서 때로는 더 모험적이고 안전 수칙도 우회하는 일이 벌어진다고 한다.

질병에 대해서는 조금 다르게 생각하는 것 같기도 하다. 부모, 동료 등 나와 가까운 사람이 암이나 다른 병으로 투병하거나, 사망하는 사례가 많아 주기적인 건강검진도 받고 운동도 하면서 관리를 한다. 사고도 부모, 형제, 동료 등 누구한테 언제든지 일어날 수 있다. 질병과 마찬가지로 사고도 노력하면 예방할 수 있다. 노력하는 행동도 없이 단순히 '나는 사고에 당하지 않을 것'이라 믿는 것은 순진한 생각이다.

서류로 안전하기

문화가 일하는 방식을 지배한다고 한다.[74] 우리나라는 주위 사람들을 의식하고 격식 차리는 것을 중시하는 전통이 존재한다. 유교에서는 인간이 더불어 살아가기 위해서는 주위 사람들을 배려하고, 인식하고, 도리를 지키는 것도 필요하다고 한다. 이러한 유교 문화가 조선시대를 거치면서 남보다 우월하게 보여야 한다는 자기 과신, 체면을 중시하는 부분으로 존재하기도 한다. 국내 기업의 조직에서도 마찬가지인 경우가 많다. 우리 사회에 '보여주기식 문화'가 과거부터 현재까지 많은 부분에 있어 남아 있다.

안전에 있어 보여주기식 문화는 캠페인과 행사가 많아지고, 안전을 서류로 관리하는 것으로 만들고 있다. 국내 많은 기업이 서류로 안전관리를 한다. '서류로 안전하기'는 실제 안전 활동과 수준을 과장하고, 포장하며 때로는 거짓으로 꾸민다. 서류로 안전하기는 형식이 강화되고, 현장 안전관리 효과를 떨어뜨린다.

사업장에서 서류로 안전하기 사례들은 너무나 많다. 사업장에서 근로자에 대한 안전보건 교육을 하면 그 결과를 서류로 남긴다. 강사·내용·시간과 함께 교육 참석자의 서명을 받는 경우가 일반적이다. 이 과정에서 문제가 발생한다. 법적 시간을 채우기 위해 교육 시간을 부풀리거나 휴가, 출장, 야간 근무 등으로 참석하지 못한 근로자의 서명도 받아서 보관한다. 심지어 교육자료만을 공유하고 서명을 받는 사례도 있었다. 현실이 이런데 안전보건 교육의 효과를 높이기 위한 교육 방식과 콘텐츠 다양성이야 있을 리 만무하다.

산업안전보건법에서 지게차 등 차량계 하역운반기계류는 작업 전에 작업계획서를 작성토록 하고, 해당 작업자에게 주지하도록 하고 있다. 실제 작업 현장을 방문하여 해당 작업자에게 작업계획서 내용을 알고 있느냐고 질문하면 전혀 알지 못하는 경우가 많다. 관리자가 작업계획서를 작성하여 서류로 보관만 한다. 처벌을 면하기 위해 중대재해가 발생한 이후에 작업계획서를 작성하기도 한다.

2024년 2월 제철 공장의 폐수처리장 수조에서 황화수소에 의해 작업자 등 1명이 사망하고, 6명의 부상 사고가 발생했다. 언론에 의하면 폐수처리장은 4개월째 운영이 중단되었던 폐수처리장 수조 청소 작업 중 사고가 발생하였다. 회사가 작성한 작업허가서 등 보고서에 있는 가스 농도 측정 주기, 밀폐공간 환풍, 개인 보호장비 착용 등이 현장에서 제대로 지켜지지 않았다고 한다. 작업허가서에는 밀폐공간 작업과 유해화학물질 취급 작업으로 분류하였음에도 송기 마스크 대신 방진 마스크를 착용했다고 한다. 작업허가서 내용이 제대로 지켜지지 않았다.[75]

이 사례처럼 산업안전보건법에서 정하고 있는 안전조치 사항 중 처벌 규정이 행정조치로 규정되어 있는 내용 대부분을 서류로 한다고 해도 과언이 아니다. 비상 훈련도 도상으로 실시하고, 위험성 평가와 안전 협의체 운영도 서류로만 하는 경우도 있다. 문제는 이러한 현상이 중대재해처벌법 시행 등 규제를 강화하면서 더 심화하는 경향을 보인다는 것이다. 직원이 22명인데 안전 서류만 37종으로 안전을 담당하는 직원은 서류 만드느라 현장 안전을 돌볼 틈이 없다

는 이야기가 나온다.[76]

작업 현장에서 서류로 안전을 하는 이유는 뭘까? 하나는 법적 요구사항에 대한 사업주나 개인의 책임을 피하기 위함이다. 안전 전문가들이 공통으로 이야기하는 것이 안전에 대한 책임을 개인이 지도록 하는 행위는 안전 활동을 오히려 위축시킬 수 있으므로 자제하고, 동기를 부여하도록 권장하고 있다. 그런데 국내의 많은 사업장은 안전관리의 법적 책임과 재해의 책임을 안전 관계자 개인에게 전가하는 경우가 많다. 안전 관계자들은 책임을 면하기 위해 가능한 한 많은 것을 서류로 남기려고 애쓴다. 부풀리거나 포장하려고도 한다.

또 다른 이유는 정부의 산업안전보건 감독 때 기업이 벌칙을 면하기 위함이기도 하다. 정부에서 사업장을 감독하면 대부분 행정조치(과태료) 사항 위주로 벌칙을 매긴다. 사법 조치 사항의 경우는 조서를 꾸며야 하는 등 번거롭고, 범법자를 만들 수 있다는 부담감에 감독관이 과태료를 선호하는 경향도 있을 것이다. 과태료 항목은 대부분 서류로 확인할 수 있다. 미국 등 선진국에서는 서류보다는 행동 기반 안전을 중시한다. 산업안전보건 감독관이 근로자의 작업방식을 확인·관찰한 후 위험한(안전 절차서 위반) 행동을 하면 안전에 대한 교육훈련이 이루어지지 않은 것으로 간주하고 사업주를 처벌하는 경우도 있다고 한다.

안전에 관한 규정과 절차, 지침, 경영방침, 목표 등은 문서로 남기는 것이 맞다. 여러 경영시스템의 국제 표준에서도 공통으로 문서화를 요구하고 있다. 해당 기업의 안전 가치, 지향성과 작업 방법에 대한 기준이기에 근로자를 비롯한 이해관계자에게 알릴 필요가 있어 문서화가 요구된다. 그런데 문서화가 서류로만 하라는 의미는 아니다. 문서화를 기반으로 행동과 실천이 있어야 한다. 특히, 안전 활동은 실행이 절대적인 필요 요소이다. 행동과 실천 없이 서류로는 안전이 확보되지 않는다.

전문성(전문가)의 부족

이 장에서는 그동안 지속해서 문제로 지적되어 온 산업안전보건의 전문성(전문가)에 대하여 두 가지 관점에서 다루어 보고자 한다. 하나의 관점은 기업 측면에서 바라본 전문성의 문제이고, 또 다른 관점은 정부 등 규제기관의 전문성에 대한 것이다.

"행정규제 많고 전문인력 부족 안전 제도 문제점",[77] "중기 35% 중대재해법 못 지킨다. 왜?…전문인력 부족".[78] 두 내용은 신문 기사 제목이다. 앞은 제목은 1997년, 두 번째는 2022년의 한 언론의 타이틀이다. 20년이 지났는데도 전문인력 부족 이야기다. 2022년의 내용은 중대재해처벌법이 시행된 후 100일이 지나면서 중소기업중앙회에서 근로자 50인 이상 300인 미만 중소 제조 사업장 504개소를 대상으로 실시한 설문조사 결과이다. 중소기업의 35%가 중대재해처벌법 의무 사항을 준수하지 못한다고 응답했다. 이 중 법을 준수하지 못하는 가장 큰 이유로는 55.4%가 전문인력의 부족을 꼽았다.[79] 아마도 2024년 1월 중대재해처벌법이 적용된 50인 미만 사업장의 사정은 더 할 것이다.

최근 산업안전에 관한 국가기술자격인 산업안전기사 합격자가 연간 5만 명 이상이 배출된다고 한다. 다른 안전 관련 기사 자격이나 안전 기술사, 안전지도사까지 합치면 훨씬 더 많은 사람이 안전 관련 자격을 취득한다. 그런데도 산업 현장에서는 안전 전문가가 없다고 이구동성으로 말한다. 왜 그럴까? 그것은 현장에서 요구하는 안전 전문가와 자격증 보유자의 안전 역량과의 괴리에서 벌어지는 현상 같기도 하다.

산업안전보건법에서 안전관리자 자격은 자격증, 학력, 경력 3가지로 구분하여 정하고 있다. 자격증은 산업안전기사나 건설안전기사를 취득한 사람은 누구나 안전관리자 선임이 가능하다. 학력은 전문대학 학위 이상이면 안전관리자 선임이 가능하다. 안전관리 경험과 산업현장의 경력이 없어도 안전관리자가 가능하다는 이야기이다. 근로자 500인 미만(공사 금액 800억 원 미만) 사업장에서는 법적으로 안전관리자를 1명 두면 된다. 이 1명이 안전관리를 전담하거나, 겸직(300인 미만 사업장)도 할 수 있다. 전혀 안전관리 경험이 없이 학위나 자격증 보유만으로는 안전관리를 잘할 수 없다. 당연히 안전 전문성이 있다고 할 수 없다. 그리고 중소 규모 사업장은 안전관리 경험이 있는 전문가를 채용하기도 쉽지 않다. 현장에서 안전 전문가가 부족하다는 이야기가 나올 수밖에 없다.

산업현장에서는 생산과 공사가 우선이다. 이러한 압력 하에서 안전을 확보하기란 쉽지 않다. 안전보건 업무를 담당하는 사람은 잘해야(무재해) 본전이라고 생각한다. 사고가 나거나, 규제기관으로부터 행정조치나 개선 처분을 요구받는 경우 안전보건을 담당하는 사람이 경영진이나 관리자로부터 질책을 받는다. 그래서 안전보건 업무를 기피한다. 몇 년 근무하면 안전 관련 부서가 아닌 곳으로 이동한다. 안전보건의 전문성을 키울 수 없는 구조의 악순환이 만들어진다. 특히, 공공(공무원, 공공기관, 지방공기업 등)의 경우는 더욱 그렇다.

과거 필자가 서울 지하철 2호선 구의역 사고와 관련하여 해당 본사를 대상으로 하는 정부 특별감독에 참여한 적이 있다. 그때 역사 등에 근무하는 안전담당자의 안전 부서 근무 기간을 조사했다. 안전담당자 38명 중 17명이 안전 부서 근무 경력이 1년 미만이었다. 대부분 안전 부서 근무를 기피한다는 것이다. 이런 환경에서 전문성이 있을 수 없고, 안전 확보는 어려워질 수밖에 없다.

또 다른 사례를 살펴보자. 산업안전보건법 제14조에 따르면 상법 제170조에 따른 주식회사 중 '상시근로자 500명 이상을 사용하는 회사'와 '건설산업기본법 제23조에 따라 평가하여 공시된 시공 능력의 순위 상위 1천 위 이내의 건설회사'는 안전보건 경영방침과 예산·조직·인력 등의 내용을 담은 안전보건 계획을 이사회에 보고하도록 하고 있다. 현실은 기업의 최고 의결 기구에 안전 전문가가 없는 경우가 대부분이다. 안전보건 계획의 보고와 의결이 형식적으로 이뤄질 수밖에 없는 구조이다.

두 번째의 논의는 정부나 규제기관의 전문성은 어떠한가이다. 2020년 이천 물류창고 사고 이후 안전보건 전문성 강화의 명분으로 고용노동부에 '산업안전 보건본부'가 출범하였다. 기존 1국 5과에서 2국 9과 1팀으로 대폭 확대하면서 기능을 크게 감독과 예방지원으로 구분하였다. 이전보다는 구조적으로 훨씬 전 문성 있어 보이지만, 실제 경험이 축적된 전문성이 있는지는 한번 반문해 볼 필 요도 있다. 안전보건 정책을 입안할 때는 새로운 시각에서 바라보는 자세도 필 요하다. 하지만 안전보건의 이해가 부족한 것 때문에 안전보건의 주요 정책이 과거로 되돌아갈 여지도 있다. 그동안 산업안전보건에 관한 많은 정책과 예방 사업들을 추진해 왔다. 시행착오와 오류도 겪었고, 성공도 거두었다. 국가의 안 전관리계획이나 전략은 장기간에 걸친 전투와 같다. 단기적 실적에만 치중하지 말고 전문성을 가지고 장기적 관점에서 정책을 추진해야 한다. 그래야 안전한 산업현장을 만들고 유지할 수 있다.

미국에서는 인사청(Office of Personnel Management)에서 안전보건 분야 직위 분 류 표준을 정하고 있다. 안전보건 전문가는 국내와 비슷하게 인증(자격)과 학 력, 경력으로 등급을 구분하고 있다. 자격의 기준만 제시하는 국내와 다르게 총 15등급(GS-1~15)으로 부여하고 세부 경력 수준을 구분한다. CSP(Certified Safety Professional), CIH(Certified Industrial Hygienist) 또는 CHP(Certified Health Physicist) 인 증이나, 학사 수준은 GS-5 등급이다. 경력은 '업무에 대한 지식수준' 등 9가지 요소로 구분하여 각 요소 득점을 합산하여 등급 구분에 활용한다. 경력 수준과 학력이 높으면 등급이 높아지는 구조이다. 자격증과 학위만으로 전문가라고 부 르지 않는다.

국내 일부 경영자나 안전에 관심이 덜한 사람들은 안전관리를 아무나 할 수 있다고도 생각한다. 안전을 모르는 잘못된 생각이다. 안전은 다제학이고, 융복합적이고 실용적 학문이다. 개인마다 안전에 관한 생각도 제각각이다. 그래서 더더욱 전문성을 요구하지만, 전문가 양성이 쉽지 않다.

최근 들어 산업환경이 급변하고 있다. 스마트와 AI, 로봇이 산업현장에 도입되고 있다. 어쩌면 과거의 안전 전문성만으로는 한계에 부딪힐 것이다. 새로운 전문성(전문가)이 필요한 시점이다. 중대재해처벌법 시행을 기점으로 안전보건 관련 대학과 대학원이 많이 생겨났다. 앞으로 시대에 맞는 전문가도 많아질 것이다. 미래에는 산업현장의 안전관리 수준도 지금보다는 훨씬 나아질 것이라 믿는다. 안전의 가치를 소중히 여기고 노력한다면 그 시간은 더욱 빨라지리라 생각한다.

느슨한 법 집행

자동차를 타면 우리는 안전벨트를 맨다. 그런데 작업장에서 안전모는 왜 안 쓰고, 안전대는 왜 안 걸까? 둘 다 불편하기는 마찬가지고, 법에서 매고, 쓰고, 걸도록 정하고 있는데 말이다. 과거 자동차를 탈 때 안전벨트를 매지 않은 경우가 문화였다. 근데 지금은 자동차를 타면 습관적으로 안전벨트를 맨다. 자연스러운 현상이 되어버렸다. 반면, 공사장에서 보호구는 중소규모 현장에서 거의 제대로 착용하지 않는다.

모두 사람을 보호하기 위한 장구인데 차이가 있다. 여기에는 이유가 있다. 자동차의 안전벨트는 지속적인 단속(무인시스템 단속 포함)과 안전성에 대한 홍보가 있었다. 또 착용하지 않으면 차에서 경보가 계속해서 울려 시끄럽기도 하다. 그러나, 공사장과 작업장에서는 보호구를 착용하지 않아도 경보가 울리거나, 뭐라고 하는 사람도 없다. 특히, 소규모 현장은 노동력 부족 문제로 관리자도 쓴

소리를 심하게 못 한다. 또, 감독관이 보호구를 착용하지 않은 장면을 목격하더라고 대부분 구두 경고로 끝난다. 경찰이 안전벨트를 착용하지 않을 때 과태료 처분을 하는 것과 다르게 보호구를 착용하지 않은 근로자에게 과태료를 거의 부과하지 않는다. 아마도 이런 차이가 시간이 흐르면서 습관과 관행으로 자리 잡고 있는 것 같다.

산업안전보건법 준수에 대한 행정처분 등의 집행은 지방노동관서 산업안전 감독관이 수행한다. 산업안전보건 근로감독관 집무 규정에 따르면 감독은 특별감독과 일반감독을 구분하고 있다. 장관 등이 필요하다고 판단하는 사업장(업종)을 제외하고는 모두 이미 사고가 발생했던 사업장을 대상으로 한다. 재해 발생 이전보다는 이후에 집중할 수밖에 없는 구조이다. 재해 발생 이전에 감독 대상을 선정하면 사업장에서 선정에 대한 반발도 있다. 그렇다고 재해 발생 사업장 위주로 감독을 수행하는 것은 재해예방에 큰 도움이 되지 않는다. 재해 발생 이전에 감독 대상을 선정하고 감독 결과를 1차 시정명령으로 시작하여 차츰 처분 수위를 높여가는 방식이 수용성을 높일 수 있을 것이다. 해마다 안전보건 감독 대상 업종, 규모 등을 충분하게 홍보한 이후 감독을 수행하는 방안도 있을 수 있다.

법 집행에 대한 느슨함은 기업에 위험을 고치지 않는 것이 비용이 덜 들고 이익을 높인다는 시그널을 줄 수 있다. 기업에서는 매년 안전보건에 관한 계획을 수립하고 집행한다. 계획에는 공정과 설비의 개선에서부터 안전보건 교육, 점검, 방호조치의 구비 등에 관한 내용을 포함한다. 이러한 계획에 많은 예산을 투입하고 있다. 느슨한 법 집행은 안전보건에 관한 계획 중 예산이 많이 드는 활동을 하지 않아도 되도록 한다. 이러한 정부의 시그널이 쌓이면 관행이 만들어진다. 안전 확보를 위한 활동보다 처벌을 면하기 위해 인맥을 동원하는 데 더 애를 쓰는 이상한 문화도 자리를 잡게 된다. 이 문화가 안전관리시스템에 구멍을 만들어 결국은 대형 사고를 발생하게 하고, 이것을 고치는 데 더 많은 시간과 비용이 드는 등 경제적·사회적 손실이 따른다.

조직의 안전관리에 있어서는 썩은 사과 이론을 배척한다. 두려움은 효과가 없다. 두려움을 심어주는 것은 안전과 관련된 시스템이 정말로 필요로 하는 것과 정반대이다.[80] 두려움은 안전 문화의 주요 요소인 안전 관련 정보의 흐름을 억제한다.[81] 안전보건은 처벌과 벌칙이 우선이 아니다. 예방하는 활동이 우선이다. 이는 조직이나 사업장 내부에서 해당하는 원칙이다. 국가 차원에서는 다르다. 국내에서 안전 예방 활동을 자율적이고 능동적으로 추진하는 기업이 그렇게 많지 않다. 법의 처벌과 집행이 없으면 기업에서는 안전보건 투자를 지금처럼 하겠는가? 아마도 빠른 속도로 줄어드는 현상이 두드러지게 나타나고 재해예방에 악영향을 끼칠 것이다. 실제 미국의 어떤 주에서 오토바이 운전자들에게 헬멧을 쓰게 하는 법을 폐기한 후 사고가 늘어나는 부정적인 영향이 입증되었고, 특정 형태의 비안전 행동 제한을 목표로 만든 법은 영향이 있다는 것이다.[82] 만들어진 법은 집행이 원칙적으로 이루어져야 한다. 법이 안전관리의 만능이라고 이야기하는 것이 아니다. 안전 활동이 우수한 사업장에는 인센티브를 제공하고 위험을 방치하는 사업장은 그에 맞는 처벌을 해야 한다. 근로자가 안전을 확보하기 위해 안전 수칙을 지켜야 하는 것처럼 사업주와 정부도 법을 지켜야 최소한의 안전을 확보할 수 있다.

권한과 책임(역할)의 부조화

우리나라는 산업안전보건법에서 안전보건 조직 체계와 그 역할을 규정하고 있다. 산업안전보건법에서는 사업장의 업종과 규모에 따라 안전관리 조직을 다르게 구성하도록 하고 있다. 사업장의 안전관리를 총괄하는 관리 책임자와 생산라인의 직 · 조 · 반장을 관리감독자로 두도록 하고, 각각 안전보건에 관한 직무를 부여하고 있다. 또한, 직무 수행을 게을리하면 사업주에서 벌칙을 줄 수도 있도록 하고 있다.

국내 사업장의 일반적인 안전관리 조직체계는 1) 직계형 조직(Line System), 2) 참모형 조직(Staff System), 3) 혼합형 조직(Line and Staff System)으로 구분할 수 있다.[83] 직계형은 생산과 안전을 경영자부터 작업자까지 라인으로 통제하는 방식이다. 참모형은 생산에 관한 지시는 라인을 거치고, 안전에 관한 사항은 스텝이 통제하는 구조이다. 혼합형은 직계형과 마찬가지로 생산과 안전에 대한 지시가 라인으로 이루어지고 안전에 관한 사항은 경영자를 스텝이 보좌하는 방식이다.

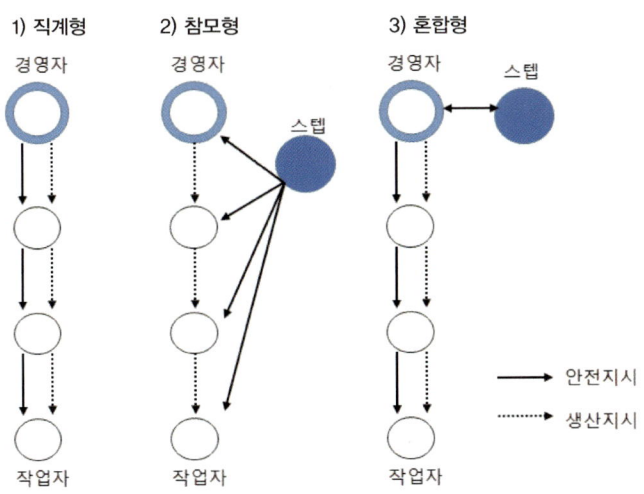

〈그림 1-14〉 안전관리 조직 체계도

산업안전보건법이 정한 국내 사업장의 안전보건 조직체계는 구성이나 운영에 있어 불합리한 부분이 있다. 일정 규모 이상의 사업장은 주로 대표이사 밑에 공장장이 있다. 산업안전보건법에 따라 공장장을 사업장의 안전보건을 책임지는 안전보건관리책임자(안전보건총괄책임자[31])로 지정하고 있다. 그런데, 공장장(건설업의 경우 현장소장)이 공장의 예산 사용과 인력조직 구성에 있어 권한이 제한적인 경우가 많다(그렇지 않을 경우도 있다). 권한이 제한적인 위치에 있는 사람이 책임을 과하게 져야 하는 불합리한 부분이 존재한다. 안전보건관리책임자는 CEO와 버금가는 권한을 가지고 그에 따른 책임을 져야 한다. 이제는 중대재해처벌법으로 인해 CEO가 직접적인 처벌 대상이 되지만 여전히 안전보건관리책임자도 산업안전보건법에 따라 책임을 지는 대상이 된다.

이와 관련하여 참고할 만한 법원의 판결이 있었다. 2022년 2월에 충북 소재 사출성형기 제조공장에서 발생한 재해에 관한 것이다. 탈사기 고장으로 탈사기를 본체에서 분리하여 수리 후 천장크레인으로 탈사기를 본체에 안착하는 작업 중 탈사기와 탈사 설비 본체 사이에 수급업체 직원의 머리가 끼여 사망한 재해에 대한 법원의 판결이 있었다. 수급업체 개인 사업주와 안전보건총괄책임자인 원청의 공장장은 산업안전보건법 등 위반, 경영 책임자인 대표이사는 중대재해처벌법 위반으로 처분을 받았다. 그동안 안전보건 관리에 관한 권한이 있으면서 책임을 지지 않던 경영자가 이제는 책임을 져야 하는 상황으로 바뀌고 있다.

또 다른 안전보건 조직체계 운영상의 문제는 안전관리자와 보건관리자에게 아직도 너무나 많은 역할을 요구한다는 것이다. 산업안전보건법에서 안전관리자와 보건관리자는 안전보건관리책임자 또는 안전보건총괄책임자를 보좌하는 역할을 하도록 정하고 있다. 그리고 실제 현장에서도 업무가 라인 중심으로 이루어진다. 안전 활동도 라인 중심으로 이루어져야 한다. 라인의 통제 권한을 가

---

31 안전보건총괄책임자는 관계 수급인 근로자가 도급인의 사업장에서 작업을 하는 경우 지정하여야 하며, 관계 수급인의 근로자를 포함하여 100인(일부 업종 50인) 이상이거나, 관계 수급인의 공사 금액을 포함하여 20억 원 이상인 건설업이 대상이 된다.

진 사람(경영자→안전보건관리책임자, 안전보건총괄책임자→관리감독자)이 역할을 해야 한다. 그런데 산업현장의 많은 기업이 안전보건 관리를 안전관리자, 보건관리자 업무로만 치부하는 경향이 있다. 안전관리자, 보건관리자는 전문성을 가진 참모로서 안전보건 관련 사항에 대해 지도와 조언을 할 수 있으면 된다. 중대재해처벌법에서 일정 규모 이상의 기업은 전담 조직을 두라는 의미도 안전보건 관리자의 과도한 업무를 방지하고 전담 조직이 안전보건에 관한 컨트롤타워 역할을 하라는 뜻이다.

조직 역할을 위해서는 구성원이 자신의 지위에 맞게 공식적인 권력을 가져야 하며 이것을 권한이라고 하고, 책임은 업무 수행을 통해 창출해야 할 성과물로 정의한다.[84] 책임 수행에는 반드시 권한의 행사가 따라야 한다. 그래야만 직무 수행에 관한 결과의 책임 의무를 질 수 있다. 권한이 없는데도 책임만을 지우거나, 권한이 막강한데도 책임이 없다면 구성원이 리더의 말을 따르지 않고 불신하게 된다. 권한과 책임은 무엇보다 균형이 있어야 한다. OSHM 시스템에서도 최고경영자가 권한과 책임을 명확하게 할당하도록 하고 있다.

학습 기회의 부재

현대는 기업의 생산 규모가 커지고, 기술의 발달로 인해 사회 기술 시스템[32] 이 더 복잡해졌다. 그로 인해 시스템 오류에 대한 대처가 힘들어졌고, 안전관리는 더 어려워졌다. 시스템 안에 있는 사람은 시스템 전체를 알기가 힘들어졌다. 오류가 많으면 대처할 기회도 많아져 소위 말하는 노하우가 축적된다. 현대 사

---

32 사회 기술 시스템(STS)은 사람(사회)과 기술, 즉 사회적 측면과 기술적 측면의 상호작용을 인식하는 복잡한 시스템을 말한다. 일반적으로 산업에서는 사회에 영향을 많이 미치거나 받는 공정이나 산업을 의미한다. 소규모이며 단순한 건설업이나 제조업은 사회 기술 시스템이라고 말하지 않는다.

회의 시스템은 복잡해졌지만, 오류 또한 줄어들었다. 그래서 시스템 오류에 대처할 경험과 기회도 동시에 줄었다.

대표적 사회 기술 시스템인 원자력발전소에서 여러 가지의 원인에 의한 오류 등의 문제가 생기면 완벽하게 대처할 수 있을까? 아마도 복잡하고 상호연계가 긴밀한 원전 시스템에서는 실제 대처가 쉽지 않을 것이다. 한 번도 경험해 보지 못한 고장이라면 대처 불가능할 수 있다. 1979년 3월 28일 발생한 미국 펜실베이니아주 스리마일 아일랜드(TMI) 원전 사고가 있었고, 8년 뒤 1986년 4월 26일 체르노빌 원자력발전소에서 레벨 7등급[33]의 폭발 사고가 발생했다. 이후 후쿠시마 원전 사고도 있었다.

일반 산업에서도 특정 기업이 사고를 경험하는 것은 흔하지 않다. 특히 사망 사고의 경우는 일부 건설업종과 전통적 위험업종을 제외하면 전혀 경험이 없을 수도 있다. 많지 않은 경험을 극복하고 안전한 사업장을 만들기 위해 아차 사고, 무상해 재해, 유사 공정에서 발생한 타 기업의 사고 사례 등 학습이 매우 중요해졌다.

제임스 리즌은 학습의 구성요소를 관찰하기(주목하기, 정성 들이기, 주의 기울이기, 추적하기), 반영하기(분석 · 해석 · 진단하기), 창조하기(상상 · 설계 · 계획하기), 마지막으로 행동하기(이행 · 시험하기)와 같은 것이라 한다.[85] 리즌의 주장처럼 거창하지 않더라도 아차 사고, 무상해 재해, 타 기업 사고 사례 등에 관심을 가지고 개선할 점을 각자의 기업 실정에 맞게 만들어 실행하는 것이 학습이다.

2024년 6월에 발생한 화성 리튬 1차 전지 제조공장 화재 사고의 근본 원인 중 하나도 학습의 부재에서 비롯되었다고 볼 수 있다. 해당 사업장은 전지 제조

---

33 국제 원자력기구에서 설정한 원자력 사고 등급은 0에서 7등급의 8단계로 분류하고 있다. 7등급은 대형 사고로 체르노빌 원전 사고와 후쿠시마 원전 사고가 이 등급을 받았다. TNI 원전 사고는 5등급에 해당한다.

과정에서 화재 발생 사례가 있어 이미 전지의 불안전성을 알았다. 그리고 같은 제품을 만드는 다른 기업에서 수년 전 리튬 배터리로 인한 화재가 발생하여 공장 전체가 전소된 사실도 알고 있었을 가능성이 크다. 그런데도 화재 발생 사업장은 제품의 안전성을 높이거나 화재 대비 조치를 소홀히 했다. 학습이 제대로 이루어지지 않은 결과가 실제 많은 인명 피해로 이어졌다.

이 화성 화재 사고는 정책이나 제도적 측면에서도 학습의 허점을 드러냈다. 산업현장에서 사망사고가 발생하면 그 원인에 관한 조사를 한다. 사고 원인조사는 사고의 원인을 명확히 밝혀 동일 또는 유사한 사고를 예방하기 위한 목적을 가지고 있다. 그런데 이미 수년 전 동종업체에서 화재로 공장이 전소되었을 때 인명 피해가 없다는 이유로 사고에 관한 원인조사를 하지 않았다. 법이나 제도적 근거가 미비해서다. 동종업체에 사고 원인과 대책을 전파하고, 규제기관 등에서 관심을 가지거나 기술지원을 할 기회를 놓쳤다. 지금도 인명 피해가 없는 많은 사고에 대해 규제기관이나 전문기관의 조사를 통한 학습이 이루어지지 않고 있다. 인명 피해가 없는 화재 등 큰 재해에 대해 그 원인에 관한 조사가 가능하도록 제도의 변경이 있어야 한다.

산업현장에서 대형 사고를 예방하기 위해 학습이 중요하다고들 말한다. 학습을 위해서는 정부 등 규제기관의 측면과 기업 차원의 노력이 필요하다. 규제기관은 인명 피해가 없더라도 큰 재해에 대한 조사가 이루어지면 그 원인과 대책을 관련 기관과 공유하여 관련 사업장에 전파하도록 하여야 한다. 기업 측면에서는 규제기관 등에서 전파하는 재해 사례 외에도 동종 또는 유사 공정을 가지고 있는 사업장에서 발생한 사고에 대한 원인을 참고하여 스스로 개선 방안을 만들어 현장에 적용하여야 한다. 그래야 예측하지 못했던 대형 사고를 예방할 수 있다. 대형 사고가 헬렌 조페가 말한 '타자'[86]의 행위와 결과로만 치부하지 않아야 한다.

□ 안전이 어려운 이유

과거의 행동이 좋은 결과로 이어졌다고 해서 반드시
다음에도 좋은 결과로 이어지는 것은 아니다.
- 다리우스 포루^{Darius Foroux} -

안전(safety)의 사전적 의미는 "위험이 생기거나 사고가 날 염려가 없는 또는 그런 상태"[87]라고 정의한다. 한자로는 편안할 안(安)과 온전할 전(全)이다. 편안하면서 온전한 상태를 뜻한다. 백과사전[88]에는 "안전한 상태란 위험 원인이 없는 상태 또는 위험 원인이 있더라도 인간이 위해를 받는 일이 없도록 대책이 세워져 있고, 그런 사실이 확인된 상태를 뜻한다."라고 정의하고 있다.

사전적 의미에서 위험이 생기거나 사고가 날 염려가 없는 상태는 사람마다 느끼는 정도가 다를 것이다. '안전'은 인간 개개인의 품성과 신체 특성, 나이 등 개인의 차이에 따른 주관적 개념을 안전이라는 용어 자체에서 품고 있다. 어떤 사람이 야간에 자전거를 타고 도로를 주행하고 있다면 이 모습을 보는 다른 사람은 자전거를 타는 사람이 안전하게 보이지 않을 수 있다. "어 저 사람 위험한데"라고 말할 것이다. 그런데 자전거를 타는 당사자는 안전하게 탈 수 있다고 생각하고, 사고가 발생하지 않으면 안전하게 자전거를 탔다고 할 것이다. 이처럼 안전은 심리적 요인이 많이 작용한다.

많은 산재 사망사고를 분석하면 과거에 발생한 사고와 유사한 사고가 대부분이다. 정부와 전문기관 등의 노력에도 불구하고 유사한 사고가 반복적으로 일어난다. 산재 사망사고가 발생하면 원인조사를 하고, 그 사례를 전파하기도 한다. 그런데도 학습은 이루어지지 않고 유사한 사고가 다른 작업장에서 계속 일어나고 있다. 심지어 동일한 작업장에서 같은 사고가 일어나기도 한다. 무엇이 잘못된 것일까? 심리적 요인만을 원인으로 치부하기는 어렵다. 심리적 요인에서부터 관행적, 제도적, 기술적, 조직적 요인들이 복합적으로 상호작용한 결과가 아닌가 한다.

앞 장에서 국내 '안전·보건 관리의 문제'를 생각해 봤다. 이 안전·보건의 문제가 안전을 어렵게 만들거나 사고가 계속해서 일어나는 하나 이상의 이유가 되기도 한다. 이 장에서는 국내 안전·보건 문제와는 별도로 안전이 어렵고 사고가 반복되는 이유를 생각해 보기로 한다.

사고의 발생 기저

2023년에는 812명이 산재사고로 사망했다. 매년 800명 이상이 작업장에서 사고로 사망한다. 800명이 사망하는 직접 원인과 발생형태를 업종별로 구분하면 몇 가지 범주로 압축할 수 있다. 왜 이렇게 유사한 사고가 계속해서 반복되는 걸까? 왜 안전관리가 어려울까? 전문가나 안전에 종사하는 사람은 이러한 의문을 가진다. 사고와 안전을 바라보는 관점이 사람마다 다르게 보고 느끼기 때문은 아닐까? 이러한 심리적 원인을 포함해서 안전이 어렵고 계속 사고가 발생하는 이유는 도대체 무엇일까?

첫째, 심리적 요인이 작용한다. 사고의 경험은 적거나 없다. 그래서 나에게는 사고가 생기지 않을 거라는 심리적 요인이 작용한다.[89] '타자의 논리' 때문에 안전을 확보하기 위한 활동에 전력투구하지 않는다. 건설 현장의 높은 곳에서 작업하는 그 누구도 작업 중에 떨어질 수 있다고 생각하지 않는다. 그런데 매일 건설 현장에서 추락하여 사망하는 사고가 전체 산재 사망사고의 거의 절반을 차지하고 있다.

둘째, 우리 사업장에 맞는 안전관리의 정답을 찾기가 어렵다. 안전에 관한 생각이 사람마다 다르기에 그에 대응하는 방식도 사람마다 다르다. 공장이나 건설 현장에서 책임자가 바뀌면 안전 활동과 노력의 정도도 바뀐다. 안전을 향한 목표는 변경하지 않았는데도 그렇다. 우리 사업장 또는 작업장에 맞는 안전을 문화로 만드는 데는 많은 시간이 소요되기 때문에 일어나는 현상이기도 하다.

셋째, 작업장의 환경(상황)이 변한다. 건설 현장은 매일, 시간마다 작업공정의 변화에 따라 작업방식이 변한다. 제조 공장의 경우도 재료의 입고에서부터 제품의 가공, 출고 공정에서 작업 여건과 환경은 수시로 변한다. 크게는 기술의 발달로 시스템이 점점 자동화되고, 더 복잡해지고 있다. 외국인 근로자와 파견 근로자가 증가하고 있다. 생산설비도 개량이 이루어진다. 시간에 지남에 따라 근로자가 바뀌거나 작업 방법도 변경이 된다. 설비의 노후화 등으로 위험성 자체가 변화하기도 한다. 이런 동적인 작업환경에 대처하기란 결코 쉬운 일이 아니다.

넷째, 안전이 생산의 지배를 받는다. 기업은 생산을 통해 필요한 자원을 창출한다. 안전도 예외가 아니다. 생산이 우선주의가 될 수밖에 없는 구조적 문제가 있다. 기업의 보유 기술도 대부분 생산기술이다. 그래서 안전이 뒷전일 수밖에 없다. 생산과 안전의 균형이 어려운 이유다. 안전이 생산에 종속되기 때문에 결국 안전이 경영의 문제이기도 하다.

다섯째, 안전은 눈에 보이지 않는다. 카를 와익[Karl Weick]은 안전을 "사건이 없는 동적 현상"이라고 했고, 제임스 리즌[James Reason]은 "안전은 있을 때보다 없을 때 더 뚜렷하게 나타난다."라고 말했다. 에릭 홀나겔[Erik Hollnagel]은 안전하다는 의미는 "수행된 일의 결과 예상대로 되는 것"이라고 했다. 즉, 사건이 발생하지 않으면 안전하다는 것이다. 사건의 발생 여부에 따라 안전을 나눈다. 인간이 생활하면서 안전을 보는 것이 쉽지 않다. 오히려 위험을 찾는 게 훨씬 쉬운 방법이다.

여섯째, 해도 해도 끝이 없다. 안전은 영원히 끝나지 않은 싸움이다. 오랜 전투에서 이기려면 항상 긴장하고, 전략을 제대로 세워야 한다. 한순간의 방심이 패배를 부른다. 카를 와익은 고신뢰조직(HRO[34])을 위해서 모든 계층이 마음 챙김(Mindfulness)할 것을 주장했고, 그러기 위해서는 경영층이 얼마나 관심을 가지고 지원하느냐에 있다고도 했다. 현재, 국내 기업들은 안전관리 경험이 부족하다. 그래서 예방 활동도 원활하지 못하다. 계속해서 안전에 투자하고 예방 활동도 활발해야 한다. 안전에 투자하는 성공적인 예방조치가 시간이나 낭비처럼 생각하지 않아야 한다.[90]

일곱째, 생산(경영) 속성과 안전 속성이 반대다. 기업이 이익을 높이기 위해서는 비용을 줄여야 하고, 속도는 빨라야 하며, 단순하고, 편리하게 해야 생산도 증가하고 이윤도 많아진다. 그런데 안전을 위해 안전장치와 방호조치를 하면 비용은 증가하고, 속도는 느려지며, 설비와 절차는 복잡해지고, 작업은 불편해진다. 기업의 생산 속성과 안전의 속성이 반대다. 그래서 두 속성 간 적정한 균형을 찾아야 하는데 그러하기가 결코 쉬운 일이 아니다.

여덟째, 안전을 교육 위주로 접근한다. 근로자의 안전 의식을 높이기 위해서는 교육이 필요하다. 교육이 의식 수준 향상을 위한 하나의 방법이기는 하다. 그것 외에도 안전 활동에 근로자를 참여시키는 것, 정보를 제공하는 것, TBM[35]과 동기부여 제도 등도 안전 의식을 높일 수 있다. 또, 교육은 훈련과 병행하여야만 한다. 사람은 실제 위기가 닥치면 행동으로 나타나는 훈련의 진가를 발휘하게 된다.

아홉째, 사고를 사람의 잘못으로만 치부한다. 사고가 나면 피해자와 담당자

---

34 High Reliability Organization의 줄임말로 HRO라고 한다.

35 Tool Box Meeting으로 소규모 또는 부서별 미팅을 말하며, TBM은 오래전부터 안전관리의 한 제도로서 작업 시작 전 현장에서 소규모 단위로 단시간에 실시가 특징이다.

를 비난한다. 대부분 사고의 피해자는 권력이 낮은 작업자다. 담당자도 마찬가지다. 사람의 실수나 과실에만 초점을 맞추면 같은 사고는 계속 반복될 것이다. 실수 없는 완벽한 사람은 없다. '썩은 사과 이론'으로는 안전관리에 한계가 있다. 사람이 실수하고 그 원인으로 사고가 난다면 이는 환경이 안전하지 않다는 신호로 봐야 한다는 '새로운 견해'가 사고 문제의 진짜 해법을 찾는 방법일 것이다.[91]

마지막으로, 학습 기회의 상실이다. 사고를 예방하기 위해서는 학습이 중요하다. 제임스 리즌은 안전 문화에 학습 문화를 포함했다.[92] 그리고 피터 생게 Peter Senge는 학습장애를 조직의 치명적인 요소로 봤다. "학습장애로 인해, 회사 수명이 사람 수명의 절반을 넘기기 힘들고 대부분은 40년이 되기 전에 사라진다."[93]라고 했다. 안전에 있어 학습의 한 방법은 다른 기업의 사고를 반면교사로 삼아 우리 사업장을 안전하게 관리하는 것이다.

최근 국내에서는 언론을 통해서 다른 기업 사고의 대략적인 내용만을 알 수 있을 뿐 재해의 직간접 원인을 학습할 수 있는 시스템이 없다. 정확하게는 더 나빠졌다. 왜냐하면 재판이 진행 중이라는 이유로 여러 가지 재해 원인을 공개하지 않는다. 중대재해처벌법이 시행된 이후에 확연히 나타난 현상이기도 하다. 재해조사가 동종이나 유사 재해를 예방하고자 하는 목적이 상실되었다고 볼 수 있다. 사고가 반복되지 않기 위해서는 적기에 학습할 수 있어야 한다. 시간이 지나면 역사로 남을 뿐이다.

반복적으로 발생하는 사고의 예방은 정부, 공공, 민간(사업장 포함) 등 각자의 영역에서 효율적이고 효과적으로 추진해야 한다. 정부는 제도적 장치와 정책을 마련하고 이행에 대해 규제기관으로서 역할에 충실해야 한다. 공공은 정부의 정책이나 제도를 전문조직으로서 뒷받침하고 민간을 지원해야 한다. 기업은 사고가 발생하지 않도록 시스템을 마련하고 올바르게 운영하는 데 역량을 집중해야 한다. 그래야 사고를 예측할 수 있고 예방할 수도 있다.

안전관리가 어렵다고 한다. 어렵다고 포기할 수 있는 것이 아니다. 우리 가족과 동료, 직원의 생명을 지키기 위해 기업의 CEO에서부터 중간관리자, 근로자 모두가 안전 가치를 존중하고 활동 노력을 해야 한다. 현대 경영학의 창시자인 피터 드러커Peter Drucker는 성공적인 경영자가 되는 법에 관하여 이렇게 말했다. "특별한 재능, 특별한 적성, 특별한 훈련은 필요하지 않다. 능력 있는 경영자에게 필요한 것은 단순한 몇 가지 일을 꾸준히 하는 능력이다." 안전을 유지하는 일도 마찬가지다.

산재사고의 역설

1931년 하인리히가 "산업재해 방지론(Industrial Accident Prevention)"을 발표했다. 이 이론의 대표적 내용 중 하나는 1:29:300이라는 빙산 모델이다. 300건의 무상해 사고가 발생하면 그중 29의 인적·물적 사고가 발생하고 그중 1건은 중대재해가 발생한다는 것이다. 숫자가 옳은지 그른지를 떠나 작은 사고가 발생하면 일정 비율의 큰 사고도 발생한다는 것이다. 이 이론은 전 세계적으로 산업재해 예방을 위한 활동에 많이 기여해 왔다. 그러면 현대에서도 정말 이 이론이 맞을까?

국내 2014년부터 2023년까지 10년간의 사고부상자와 사고사망자 통계를 보면 업종별로 다르기는 하지만 부상이 많다고 해서 반드시 사망사고가 많이 나는 것이 아니라는 결과가 나왔다. 사고사망자는 줄어들고, 사고부상자가 늘어나고 있는 것이 부상에 대한 산재 처리가 과거보다 쉬워진 원인이기도 하지만 어쨌든 이 두 지표가 비례하지 않는다는 사실이다.

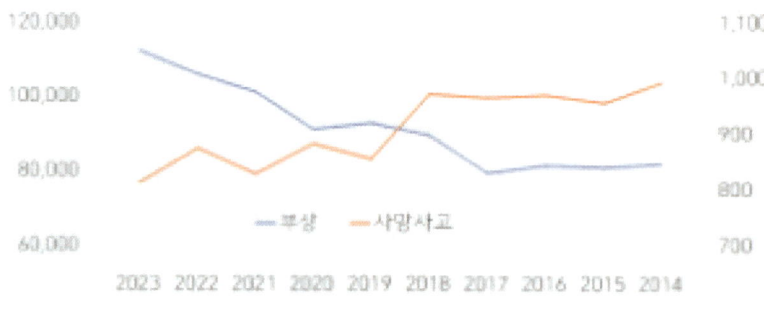

〈그림 1-15〉 업무상 사고 발생 현황(10년간)

　　부상과 사망사고의 발생 행태도 다르다. 부상의 경우는 넘어짐에 의한 사고가 전체의 22%로 가장 많고, 다음이 떨어짐(15%), 끼임(14%), 절단·베임(11%) 순으로 발생한다. 사망사고는 과거 추락이라고 하는 떨어짐 사고가 전체의 38%로 압도적으로 발생하고 있다. 다음은 끼임(11%), 부딪힘(10%), 사업장 외 교통사고(7%) 순으로 발생하고 있다. 경미한 사고가 다발 한다고 해서 반드시 중대재해가 많이 발생하지는 않는다.

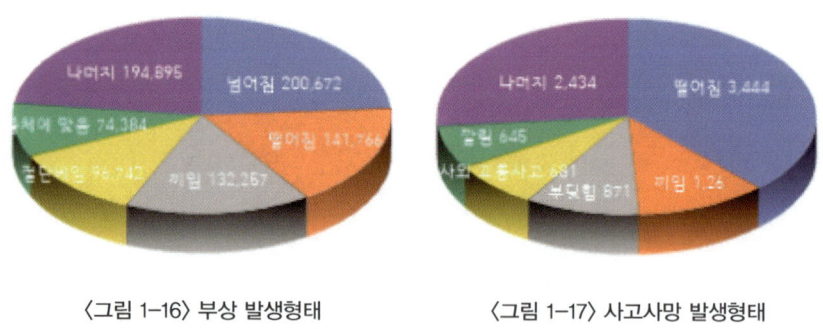

〈그림 1-16〉 부상 발생형태　　　　〈그림 1-17〉 사고사망 발생형태

　　핀란드 출신 학자인 살로니에미^{Antti Saloniemi}와 옥사넨^{Hanna Oksanen}은 1977년부터 1991년까지 핀란드에서 발생한 사망사고와 생산 활동, 사고빈도 등에 관한 연

구 결과를 발표했다. 건설업의 경우 부상 사고가 많이 발생하면 사망사고가 오히려 줄어드는 역의 관계를 확인했다. 사망률은 건설 중인 건축물의 수가 감소함에 따라 증가한다는 결론도 발표했다.[94] 기존의 다른 연구와 일반적으로 알려진 산업 경기가 좋으면 사망사고가 늘어난다는 견해와 다른 결론을 내놓았다. 건설업은 빙산 모델을 확증하지 못하고, 건설업만이 가지는 사망사고의 특성과 원인이 있다는 다른 연구와 일치했다.[95] 건설업의 경기보다는 근로자의 업무상 지위, 임금 수준과 고용 안정성이 더 큰 영향을 미친다.[96]

앞서 언급했듯이 부상과 사망의 발생형태가 같지 않다. 부상과 사망을 예방하기 위한 접근방식도 달라야 한다. 부상 사고 예방보다 사망사고 예방에 집중하여야 하고, 사망사고 예방을 위해서는 비교적 에너지가 큰 물리적 힘이 발생할 수 있는 작업관리에 집중할 필요가 있다. 그래야 사고의 빈도가 줄거나 강도가 약해질 것이다.

제Ⅱ부 ──

왜, OSHMS를
해야 하는가?

제1장

사고모델과 한계

□ 모델의 한계

위험을 예견만 할 수 있어도
이미 절반은 피한 것이다.
- 토마스 풀러[Thomas Fuller] -

산업혁명 이후 산업재해를 방지하기 위한 많은 노력이 있었다. 제도와 법이 만들어지고 안전 기술도 발전했다. 전문가나 학자들 중심으로 안전 이론과 방법들도 개발하는 등 발전을 거듭해 왔다. 하인리히가 1931년 '산업재해 방지론'에서 발표한 도미노이론을 시작으로 버즈의 신도미노이론, 오우찌의 XY 이론 등이 있었다. 이후 1997년 제임스 리즌이 '스위스 치즈' 이론을 발표하였고, 최근에는 '시스템 이론'과 '레질리언스 공학'까지 안전에 접목하고 있다.

한편, 안전의 주요 방법론인 위험성 또는 안전성 분석기법은 제2차 세계 대전 이전 RCA(Root Cause Analysis)가 있었고 이 시기를 1세대라고 한다. 방법론의 2세대는 1960년대부터 1980년대까지를 말하고, FTA(Fault Tree Analysis), FMEA(Failure Model and Effect Analysis), HRA(Human Reliability Analysis),

CWA(Cognitive Work Analysis) 등이었다. 방법론의 3세대는 1990년대 이후에 탄생한 것으로 AcciMap, STAMP(System Theoretic Accident Model and Processes), FRAM(Function Resonance Analysis Method) 등이 있다.[1]

<표 2-1> 방법론의 종류

약어	주요 내용
RCA	사고분석 등 문제의 근본 원인을 식별하는 기법으로 산업공정, 의료, IT 제조공정 등 현재에도 많은 부분에 사용
FTA	장애 원인을 식별하는 데 사용 안전성과 신뢰성에 관한 설계 등을 분석하는 연역적 기법
FMEA	위험으로 이어질 수 있는 고장 가능성을 평가하기 위한 정성적 귀납적 분석기법
HRA	인간의 신뢰도를 분석하는 기법으로 인적 오류를 줄이는 방법을 제시하는 데 사용
CWA	시스템 제약을 모델링하여 시스템 내에서 작업이 어떻게 수행해야 하는지를 목표로 하는 사회기술시스템을 모델링하기 위한 기법
AcciMap	시스템에서 발생하는 사고 원인을 분석하는 기법으로 항공, 방위, 석유 및 가스, 공중보건 등 다양한 분야에 사용
STAMP	시스템을 전체적으로 분석하는 기법으로 출현 및 계층, 커뮤니케이션 및 제어, 프로세스 모델 등 세 가지 기본 개념을 사용
FRAM	STAMP와 같이 시스템을 분석하는 기법으로 6각형(입력, 출력, 자원, 제어, 전제조건, 시간) 기능 모델을 이용

위에서 본 바와 같이 사고를 예방하기 위한 다수의 이론과 방법론이 발전해 왔다. 그런데도 산업현장에서는 계속해서 사망사고 등의 대형 사고가 발생하고 있다. 왜일까? 사고방지 모델의 문제인가? 방법론의 문제인가? 아니면 또 다른 문제가 있는 것인가? 여러 가지의 원인이 있겠지만 필자는 주요 원인을 아래의 몇 가지로 생각한다.

첫째, 안전 모델이 변화하는 시대의 흐름을 반영하지 못한 데 있다. 현대 사회는 위험사회다. 과거보다 시스템이 복잡해지고, 서로 긴밀하게 연결된 상호작용에 따라 사회가 위험해지고 있다. 기차는 빨라지고, 건물은 높아지고, 자동차는 자율주행이 가능해졌다. 객관적 위험이 증가하고 있다. 위험은 대형화, 복합화, 집적화, 고도화되고 있다. 그리고 모든 설비와 시설들의 노후화가 진행되고 있다. 과거의 모델로는 이러한 환경의 변화를 해석하기가 힘들다.

둘째, 대부분 사고의 결과로 모델을 해석해서 원인을 분석하기 때문이다. 사고가 발생하기 이전에 사고를 예측하고, 위험을 분석하여 예방하기란 안전 모델과 방법론에 한계가 있다. 필자는 완벽한 안전 모델과 방법론은 없다고 생각한다. 다만, 특정 작업과 특정 공정, 업종 또는 설계, 운영 중 해당 환경이나 상황에 장점이 있는 모델과 방법론은 있다. 예를 들면 FTA, FMEA, STAMP, FRAM 등 많은 위험성 평가 모형이 어느 것은 설계단계에 적합하고 또 다른 것은 시운전, 운전단계에 적합하며, 순차적 시스템 분석에 적합하거나 복잡한 상호작용 분석에 적합한 모형이 있다. 가장 최신 모형이 가장 좋은 것은 아니다. 산업현장에서 안전모델과 방법론을 선택할 때 가장 장점이 많고 해당 사업에 적합한 것을 선택하면 좋을 것이다. 필요하면 방법론을 중복하여 사용할 수도 있다.

일례로 Yao Song(2012)이 발표한 "위험해석에 시스템 적용"이라는 논문에서 캐나다 Darlington 원자력 발전소의 셧다운 시스템의 위험분석을 하면서 FRAM을 몇 가지 단점을 들어 제외하였고, FMEA와 STPA(STAMP 기반)를 사용하여 위험성을 분석하였다. 결과적으로 Darlington 원자력 발전소의 셧다운 시스템 분석에는 STPA가 가장 적합하다고 주장하고 있다.[2]

이 장에서는 현재까지 대표적이고 우리에게 잘 알려진 재해예방을 위한 안전 모델의 개념과 한계를 다루기로 한다. 그리고 한계에 대응하기 위한 체계적인 방안의 필요성에 관해 기술하고자 한다. 방법론은 너무나 다양하고 전문적이어서 이 책에서 논하는 것은 적절치 않으므로 관심이 있는 독자는 전문 서적이나 논문을 찾아보길 바란다. 여기서는 안전의 주요 모델을 간략하게 소개한다.

하인리히 이론

Herbert William Heinrich(1881-1962)는 1881년 버몬트주 베닝턴에서 태어났다. 그는 16살에 기계공 조합에서 수습생으로 일을 시작했다. 23살이 되면서 3등 부기관사가 되었으며, 1918년 해군 중위로 편입, 공병으로 근무하다 1919년 대위로 제대했다.

32세가 되면서 코네티컷주 하트포드 소재 보험사인 트래블러스(Travelers)에 입사한 하인리히는 (제1차 세계대전에 참전한 기간을 제외하고) 1956년 74세가 될 때까지 보험사에 다니다 은퇴했다. 1925년 하인리히는 공학 감사부 부감독관으로 승진했고, 1938년 이후 뉴욕대에서 20년 이상 안전 관련 강의를 맡아 진행했다. 1942년에는 전쟁자문위 산하 안전소위원회의 의장을 맡아 미 육군에 자문을 제공했다. 1956년에는 미국과 캐나다 내 스팀 보일러와 압력용기 안전에 관한 법령의 일관성을 높이기 위해 탄생한 보일러압력용기법 표준학회(Uniform Boiler and Pressure Vessels Laws Society)의 회장을 맡았다. 그리고 1962년 세상을 떠났다.

1931년 하인리히는 여행자 보험회사(The Travelers Insurance Company)[1]의 엔지니어링과 검사부서의 부관리자로 근무했다. 그해 그 유명한 '산업사고 방지(Industrial Accident Prevention)' 부제목으로 '과학적 접근(A Scientific Approach)'이라는 도서를 출판했다. 이 책은 1920년대 후반 산재보험 청구를 기반으로 분석한 내

---

1 The Travelers companies, Inc.로 원래는 다른 이름의 회사였으나 나중에 현재의 이름으로 변경되었다. 설립은 1853년에 미네소타주 세인트폴에서 되었고, 현재 본사는 뉴욕에 위치하고 있다. 현재 1,000억 달러 이상의 자산을 가지고 연간 약 270억 달러의 수익을 올리고 있다.

용을 썼다. 보험기록 12,000건과 플랜트 사업주의 기록 63,000건을 분석했다고 한다.[3]

하인리히가 자신이 제시한 이론에 적용한 방법론이나 이론 그 자체를 어떻게 고안했는지 명확하지 않다. 또한 신판에서 별다른 설명 없이 이론이나 방법론을 크게 바꾼 적도 있었다. 하인리히의 연구를 좀 더 깊게 이해하고자 연구 논문의 원본을 찾으려 했으나 이미 소실된 후였다. 하인리히의 저서에 언급된 자료 외에는 아무것도 찾을 수 없었다. 정보 수집 방법, 수집된 정보의 품질, 분석 방법론에 대한 부분은 검토가 불가했다.[4] 위 의문들은 모두 시드니 데크Sidney Deckker가 책에서 언급한 내용이다.

하인리히의 '산업사고 방지'는 1941년(2판), 1950년(3판), 1959년(4판)에 걸쳐 개정판을 출간했다. 하인리히가 사망한 후 1980년에는 제5판을 출간했다. 제5판에는 다니엘 피터슨Daniel Petersen, 네스터 루스Nestor R. Roos 두 명의 저자가 추가되고 부제를 '안전관리 접근(A Safety Management Approach)'이라고 붙여 출간했다.[5] 제5판이 1995년에 '산업재해방지론'이라는 제목으로 국내에서 출간되기도 했다.

하인리히가 이 책들을 통해 제시한 중요한 이론의 세 가지는 오늘날까지 안전학[2]에 있어 중대한 영향을 미쳤고, 현재도 안전학이나 안전공학을 공부하는 학생, 안전관리자들이 처음으로 접하는 이론서이다.

① 재해는 단일원인에 의한 선형적인 결과이다. 우리에게 도미노이론으로 알려진 것을 말한다. 예방이 가능한 사고는 재해를 초래하는 일련의 5가지 요인 중 하나로 보고 있다. 5가지 요인은 그림과 같으며, 재해는 선행요인의 작용으로 발생하는 것이다. 하인리히는 3번째 요인인 불안전한 행동과 불안전한 상태를 제거하면 사고를 예방할 수 있다고 주장했다.

---

2 필자는 안전을 학문 측면으로 보면 과학이라고 생각한다. 이 책에서는 안전 과학을 줄여 안전학으로 표현하기로 한다.

〈그림 2-1〉 사고 과정의 5가지 요인(하인리히, 1941)

〈표 2-2〉 5가지 사고 요인의 설명(하인리히, 1941)

사고 요인	설 명
사회 환경적 & 유전	- 무모, 고집, 탐욕, 기타 바람직하지 않은 성격 특성은 유전을 통해 전달될 수 있다. - 환경은 성격의 바람직하지 않은 특성을 만들거나 교육을 방해할 수 있다. - 유전과 환경은 사람의 잘못을 일으키는 원인이다.
사람의 결함	- 사람의 유전이나 후천적 결함; 무모함, 폭력적 기질, 신경질, 흥분, 무관심, 안전 관행에 대한 무지 등은 위험한 행동을 하거나, 기계적 또는 물리적 위험을 존재하게 한다.
불안전한 행동 기계적 또는 물리적 위험	- 매달린 하중 아래 서 있기, 경고 없이 기계 가동하기, 장난, 안전장치 제거와 같은 사람의 불안전한 수행; - 보호되지 않은 기어, 보호되지 않은 작동 지점, 레일 가드 부재, 불충분한 조명과 같은 기계적 또는 물리적 문제는 직접 사고로 이어진다.
사고	- 추락, 비래하는 물체에 의한 타격 등과 같은 사건은 상해를 유발하는 전형적인 사고이다.
상해	- 골절, 열상 등은 사고로 인한 직접적인 상해이다.

② 1:29:300 이론이다. 330건의 사고 중 90.9%(300건)는 상해를 일으키지 않으며, 8.8%(29건)은 경미한 상해를 초래하고, 0.03%(1건)은 중상이 발생한다는 것이다. 이 이론의 논리는 경미한 상해사고를 막기 위해 안전조치와 안전 수칙 준수 등의 노력을 하고, 실제 경미한 상해사고가 감소하면 사망사고와 같은 대

형 사고를 예방할 수 있다는 것이다. 하인리히의 이 생각을 안전에 대한 '깨진 창문 이론'이라고 부른다.

〈그림 2-2〉 중상의 하부 구조(하인리히, 1941)

③ 작업자의 불안전한 행동이 산업재해의 88%를 차지한다. 하인리히는 예방이 가능한 사고의 98%는 작업자의 불안전한 행동이 88%, 불안전한 상태가 10%이고, 나머지 2%만이 예방 불가능한 사고라고 주장했다. 하인리히의 이러한 주장을 항공 분야 등 안전 전문가들이 그대로 인용[6]하였다.

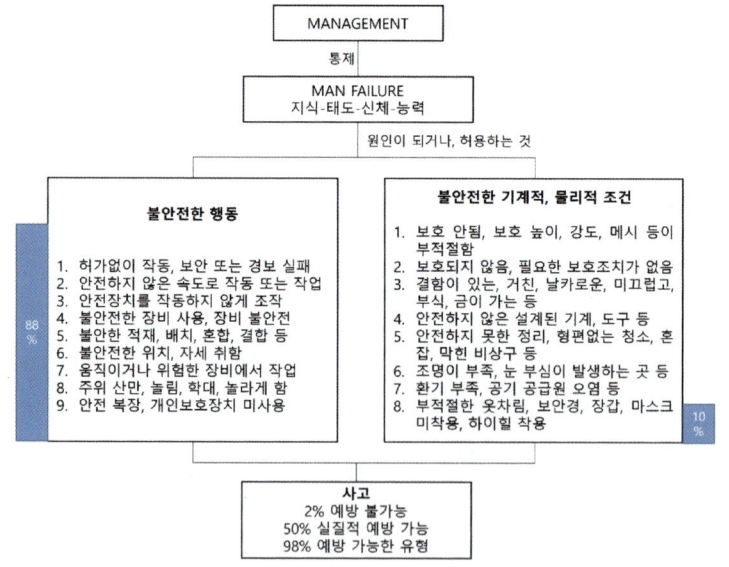

〈그림 2-3〉 사고의 원인을 나타내는 그림(하인리히, 1941)

이 세 가지 하인리히의 이론에 의문을 제기하는 전문가들이 있었다. 하인리히가 분석한 75,000건의 기초자료를 확인할 수 없다는 것이다. 1980년 판 하인리히의 공동 저자조차도 파일이나 기록을 보지 못했다.[7] 또한, 1:29:300의 이론에서 300의 근거가 되는 상해가 발생하지 않은 사건을 어떻게 확보했는지에 대한 언급이 없다. 하인리히가 보험 청구 파일을 분석했으면 물적·인적 피해가 없는 사건들을 어떻게 수집했는지 알 수 없는 일이다. 하인리히가 사고의 88%가 작업자의 불안전한 행동에 기인한 것으로 분석한 것이 어쩌면 보험회사 직원으로서 사고의 원인을 작업자 탓으로 여기는 일이 당연할지도 모른다.[8] 그리고 사고를 작업자의 개인적 요인으로 돌리는 것은 작업자가 조직의 시스템에 의해 장애를 받으며, 시스템은 경영진의 소유라는 사실을 잊게 만들기도 한다.[9]

하인리히 분석을 확장한 사람이 **Onward** 엔지니어링 이사였던 버드[Frank E. Bird]였다. 그 이전에는 철강공장의 안전관리자 경험도 있었다. 버드가 수정 도미노 이론을 발표했다. 하인리히의 도미노에 '관리 및 관리 오류의 영향'과 '부상 외 생산 손실, 재산 피해, 기타 자산의 낭비와 같은 원치 않는 결과'를 추가했다. 하인리히의 300의 숫자도 600으로 수정하는 등 방대한 자료의 분석을 통해 하인리히의 이론을 수정했다. 그 이후에도 웨버[D.A.Wearer]가 최신 도미노이론이라고 불리는 이론을 발표했고, 많은 전문가에 의해 사고 발생 원인의 가장 중요한 요인이 인간의 오류 때문이라 주장했다.

하인리히의 도미노이론을 비롯한 도미노이론이 사고의 발생 원인을 완벽하게 설명하지는 못하지만, 산업현장에서 발생하는 사고에 대한 원인을 파악하고자 한 혁신적인 생각이었다. 약 90년이 지난 현대까지도 사고의 원인을 완벽하게 해석하는 이론과 모델이 없다. 하인리히를 비롯한 안전의 선구자들이 제시한 이론을 기반으로 더 안전한 작업장·사회를 만들기 위해 오늘도 많은 안전을 담당하는 사람들이 노력하고 있다.

정상 사고(Normal Accident) 이론

'정상 사고'는 찰스 페로Charles Perrow라는 예일대 사회학 교수가 주장한 이론이다. 1984년에 정상 사고 초판을 출간했다. 이 책에서 찰스 페로는 시스템 사고(System Accident)를 정상 사고라고 말한다. 시스템이 지닌 속성인 복잡한 '상호작용(interactive)'과 시스템의 '연계성(coupling)' 때문에 문제가 발생해도 파악이 어렵고 대처가 불가해 장애를 막지 못한다고 했다. 복잡한 상호작용과 긴밀하게 결합한 시스템에서는 작업 변경이 큰 결과를 초래할 수 있고 실패의 크기와 결과가 비례하지 않는다고 했다. 시스템이 고도화되면 될수록 시스템의 상호작용과 결합이 더 강화되어 더욱 취약하게 된다는 것이다.

시스템 사고는 다발적 장애의 결과, 즉 장애의 상호작용으로 발생한다. 페로는 6가지 요소의 장애를 제시했다. 이 요소를 줄여서 '디포즈(DEPOSE)'라고 했다. 6가지 요소는 설계(Design) · 설비(Equipment) · 절차(Procedures) · 운용자(Operators) · 원재료(Supplies and Materials) · 환경(Environment)이다.

대형 사고의 발생에 있어 조직도 문제가 많다. 조직의 오래된 안전 무시 관행과 안전 능력은 조직의 내재한 위험을 충분히 감당하지 못한다. 기술의 발달도 위험을 완전히 제거하지 못한다. 안전장치를 비롯한 기술적 보완은 때로 새로운 사고를 일으키기도 한다는 것이다. 대개 시스템을 더 빨리, 더 나쁜 환경에서, 더 큰 위험과 함께 운용할 수 있도록 만들기 때문이다.[10]

과거의 재해는 학습과 교훈을 통한 재발 방지가 가능했다. 그러나, 화학공장의 화재 · 폭발이나 원자력 발전소 사고는 학습이 불가하다고 그는 주장한다. 그러면서 TMI(Three Mile Island), 화학산업, 해운산업, 항공산업, 지상 시스템(댐, 지진 등), 특수한 시스템(핵무기, DNA) 등에 대한 시스템의 문제와 사고를 분석했다.

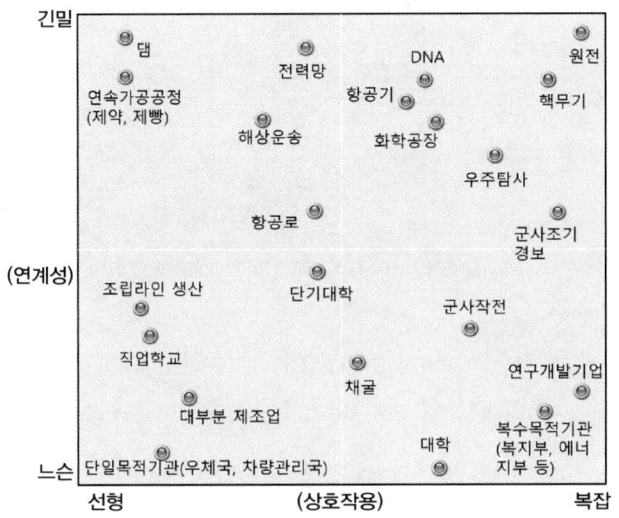

긴밀

⊚ 댐	전력망 ⊚	DNA ⊚ 원전 ⊚
연속가공공정 (제약, 제빵)	항공기 ⊚	핵무기 ⊚
해상운송 ⊚	화학공장 ⊚	
		우주탐사 ⊚
항공로 ⊚		군사조기 경보 ⊚

(연계성)

조립라인 생산 ⊚	단기대학 ⊚	군사작전 ⊚
직업학교 ⊚		연구개발기업 ⊚
대부분 제조업 ⊚	채굴 ⊚	복수목적기관 (복지부, 에너 지부 등) ⊚
느슨 단일목적기관(우체국, 차량관리국) ⊚		대학 ⊚

선형   (상호작용)   복잡

〈그림 2-4〉 상호작용과 연계성에 따른 시스템 구분[11]

위 그림은 페로가 시스템의 상호작용과 연계성을 기준으로 시스템을 구분한 것이다. 연계 정도와 상호작용의 복잡성을 기반으로 4가지 시스템을 설명했다.

① 긴밀한 연계와 상호작용이 선형적인 시스템
② 긴밀한 연계와 상호작용이 복잡한 시스템
③ 느슨한 연계와 상호작용이 선형적인 시스템
④ 느슨한 연계와 상호작용이 복잡한 시스템

원전과 댐은 시스템의 연계성은 같으나, 시스템의 상호작용이 원전이 훨씬 복잡한 것으로 판단했다. 그러면서 긴밀한 연계를 위해서는 중앙집중화가 필요하고, 복잡한 상호작용에는 분권화가 필요한데 이 두 가지의 혼합은 어렵다고 주장했다.

긴밀 (연계성)	- 긴밀한 연계 : 중앙집권화 - 선형 상호작용 : 중앙집권화	- 긴밀한 연계 : 중앙집권화 - 복잡 상호작용 : 분권화
느슨	- 느슨한 연계 : 분권화 - 선형 상호작용 : 중앙집권화	- 느슨한 연계 : 분권화 - 복잡 상호작용 : 분권화
	선형　　　　　　　　　　(상호작용)　　　　　　　　　　복잡	

〈그림 2-6〉 시스템의 통제(중앙집권화/분권화)

페로는 원전 시스템과 관련하여 TMI와 같은 사고가 재발하지 않는 이유는 원전 운용 경험이 20년도 안 되는 기간으로 위험을 합리적으로 평가하기에는 너무나도 짧기 때문이라고 주장했다. 운용 기간이 짧고, 원전의 종류(중수로, 경수로)가 다르며, 경험을 축적하기도 전에 제조사에서 시스템을 업그레이드하여 새로이 설치한다. 그래서 안전하게 시스템을 만들고, 관리하기란 쉽지 않다는 것이다.

'정상 사고' 1984년 초판 발행 이후에 인도 보팔 유독가스 유출 사고, 체르노빌 원전 사고, 챌린저호 폭발 사고가 있었다. 페로는 1999년에 두 가지 정책제언을 했다. 첫 번째는 "피할 수 없는 위험이 합리적인 이익보다 크기 때문에 희망이 없고, 포기해야 하는 시스템이다." 그는 이 범주에 핵무기와 원전을 포함했다. 두 번째는 "우리가 사회의 많은 부분을 주위에 구축했기 때문에 버릴 수 없는 다른 것들은 수정하여야 한다." 이 범주에 화학공장과 항공산업 등을 넣었다. 그는 특정 산업을 제한하거나 더 나은 조직과 소위 '기술적 고정(technological fixes)'으로 상호작용의 복잡성과 긴밀한 연계를 줄일 것을 제안했다.[12]

그러나, 많은 학자가 페로의 NAT(Normal Accident Theory)에 반대했다. 당초에 시스템의 구분을 4가지로 하는 것이 잘못되었다는 것이다. 그리고, 복잡한 고위험 시스템이지만 단 한 건의 사고도 발생하지 않는 조직이 있다는 것이다. 항공모함 전단을 예로 들면서 고신뢰성 조직(HRO) 이론을 주장했다.

페로는 1999년 업데이트된 '정상 사고' 버전을 출판했다. 일부 HRO 학자들의 의견에 동의했으나, 원전과 핵무기는 여전히 오류를 유발하는 시스템이기 때문에 폐기 대상으로 간주했다. 이후 2011년 3월 후쿠시마 원전 사고가 발생했다.

고신뢰성 조직(High Reliability Organizations) 이론

HRO는 한 전문가가 설명하는 하나의 이론은 아니다. 이 이론은 시간이 지남에 따라 다른 전문가들이 참여하여 개발하였다. 국내에서 HRO 이론은 카를 와익[Karl.E.Weick]과 캐서린 섯클리프[Kathleen.M.Sutchiffe]가 만든 이론으로 알려져 있다. 그러나 그 뿌리는 Todd La Porte, Karlene Roberts, Gene Rochin이 포함된 캘리포니아 대학의 연구원 그룹인 이른바 버클리 그룹으로 올라간다.[13]

버클리 그룹은 "매우 높은 수준의 안정적이고 안전한 운영을 달성하는 위험한 조직의 설계와 운영에 관련된" 프로젝트 연구를 시작했다.[14] 예를 들어 미국 항공교통 제어시스템과 미 해군 핵항공모함 등을 연구했다. 거의 오류가 없이 운영되는 고위험 조직은 어떠한 특징을 가지고 있는지? 그들이 잘한 것은 무엇인지? 에 대한 답을 찾기 위한 목표로 연구했다고 한다. 로버츠[Roberts,K.H.]는 그림과 같이 페로와 다른 두 가지 차원인 '기술적 위험'과 '신뢰성'을 가지고 조직을 분류했다. 그림은 로버츠가 식별한 각 범주의 예이다.

	높음	• 대도시 주요 상수도	• 미국 항공교통 제어시스템 • 미국 해군 핵 항공모함
신 뢰 성	낮음	• 제품을 생산하지 못하는 가내 수 공업	• 유니언카바이드 보팔 공장 • 스리마일 아일랜드
		낮음	기술적 위험성 높음

〈그림 2-7〉 로버츠(1989)의 신뢰성/기술적 위험성 차트

예비 발견은 연구된 HRO의 전부 또는 대부분에 존재하는 네 가지 특성을 드러냈다.[15]

① 조직구조 및 규칙

② 운영 의사결정 및 의사소통

③ 높은 신뢰성 문화

④ 기술에 대한 적응(탄력성)

로버츠는 페로의 상호작용의 복잡성과 긴밀한 결합 등을 아래 표와 같은 방법으로 해결할 수 있다고 했다.

〈표 2-3〉 로버츠의 시스템 위험성 해결 방법

구분	해결 방법
상호작용의 복잡성	지속적인 훈련 기능을 별도로 유지하기 위한 작업 설계 전략 주요 정보 직접 전달
긴밀한 결합	중복성(redundancy) 계층적 차별화(hierarchical differentiation) 조정(bargaining)

구분	해결 방법
복잡성과 긴밀한 결합	중복성(redundancy) 역할(accountability) 책임(responsibility) 신뢰의 '문화'(culture of reliability)

그렇지만 라 포트^{La Port}는 사례연구에서 발견된 HRO의 특성이 다른 조직에서는 쉽게 구현될 수 없다고 결론지었다.

와익과 섯클리프는 "차별적인 세부 사항에 대한 풍부한 인식과 행동 능력"을 나타내는 통합개념으로 마음 챙김(mindfulness)을 HRO 특성에 추가했다. 마음 챙김은 HRO 구성원이 예상치 못한 사건을 감지하고 처리하는 능력을 증가시킨다. 이는 조직 신뢰성으로 이어져 복합한 프로세스나 기술적 오류 가능성이 매우 높음에도 불구하고 거의 오류가 없는 성과를 거둔다. 와익은 신뢰성을 작동 조건의 변화에도 같은 방식으로 수행하는 능력으로 간주했다. 운영자의 활동은 상황에 따라 달라져야 하는 반면, 활동을 이해하는 인지과정은 안정적으로 유지해야 한다고 했다.[16]

와익은 마음 챙김을 어떻게 만들 수 있는지에 대해 5가지 인지과정을 제안했다.

제1원칙은 '실패에 대한 집착'이다. 실패한 사건들을 깊이 있게 다루라는 것이다. 아차 사고도 안전에 대한 위협으로 간주한다. 마음 챙김은 약한 신호도 분석하고 해석한다. 약한 신호는 관찰 당시 잠재적인 위험에 대한 명백하거나 직접적인 연관성이 없는 신호 또는 다시 발생하지 않을 정도로 드물고 가능성이 거의 없는 상황에서 발생한 것으로 판단되는 사건으로 정의하였다.[17] HRO 구성원은 현재의 성공적인 운영이 미래의 성공 가능성을 낮춘다고까지 가정한다.[18]

제2원칙은 '해석을 단순화하는 것을 꺼림'이다. 와익 등(2008)은 단순화는 데이터의 부실, 예방조치의 감소, 원치 않는 놀라움의 가능성 증가로 이어지기 때문에 HRO의 잠재적 위험으로 식별했다.

제3원칙은 '작업에 대한 민감도'이다. 즉 운영 상황에 대해 세심한 관심을 기울여야 한다는 말이다. 그러기 위해서는 조직 구성원의 적극적인 노력이 필요하다고 한다.

제4원칙은 '안전 탄력성(resilience)[3]에 대한 전념'이다. 인간은 기본적으로 인지 오류를 가지고 있다. 그래서 실수가 불가피하다. 그렇다면 경영자들은 예방에 관심을 쓰는 만큼 실수가 발생한 후의 해결책에도 관심을 기울여야 한다.

제5원칙은 '전문성에 대한 존중'이다. HRO의 또 다른 특징은 전문성에 조직의 계층적이고 위계적 순위를 종속시킬 수 있다는 것이다. 긴박하거나 예상하지 못한 문제가 발생하면 관리자가 그 권한을 전문성이 있는 사람에게 넘겨줄 수 있다는 말이다. 빈 라덴 제거 작전 때 오바마 대통령이 사령관 옆에 쭈그리고 앉아 사령관의 지휘를 지켜볼 수 있는 것처럼 말이다.

라 포트, 로버츠, 로클린이 수행한 초기의 HRO 연구와 와익과 섯클리프가 추가한 연구 모두에서 매우 복잡하고 위험한 특정 조직이 매우 높은 수준의 안전한 운영을 달성한다는 사실을 모두 인정한다.[19] 두 접근방식 모두 의사소통, 의사결정, 신뢰성, 마음 챙김의 문화와 같은 개념과 프로세스에 중점을 둔다. 하지만 차이점도 있다. 초기 연구는 연구의 목적이 주로 서술적이라는 점이고, 와익 등의 추가 연구는 모든 조직에서 전개할 수 있는 일반화할 수 있는 핵심 사례를 개발했다는 것이다.

NAT와 HRO에 대해 이론이라고 칭한 최초의 사람이 사간Scott,D.Sagan이다. 사간은 두 이론 모두를 분석했다. 원래는 HRO의 의견에 가까웠는데 핵무기 관련

---

3 resilience는 탄력성, 회복력 등으로 번역하지만 이 책에서 한국시스템안전학회의 의견을 따라 '안전 탄력성'으로 통일하였다.

하여 연구를 진행하면서 HRO의 주요 요인 중 하나인 이중화가 Falling Leaves[4] 경보 시스템과 같은 일부에 복잡성을 추가하여 사고를 예방하기보다는 오히려 사고를 유발한다는 사실을 발견했다. 이후 사간은 NAT 지지자가 되었고,[20] '안전의 한계(The Limits of Safety)'라는 책을 썼다.

NAT와 HRO에 대한 논쟁은 계속되었다. 1994년에는 '불확실성과 위기관리의 저널' 편집자들이 페로, 사간, 라 포트를 초청하여 사고를 예방할 수 있는지에 대한 토론이 있었다. 이후에 NAT와 HRO 이론에 대한 추가 발전이 있었다. NAT 에서는 안전을 최우선 목표하여 지속적인 학습과 훈련을 하는 조직에서는 복잡성과 결합의 시스템 특성에 영향을 미친다는 결론을 추가했다. HRO의 일부 연구자들이 귀납적 추론, 적응형 의사결정, 다른 사람과의 협업, 지식 공유 모델을 포함한 HRO에 새로운 관점을 추가했다. 현재까지도 두 이론에 대한 이견이 존재하지만, 여전히 두 접근방식 모두 안전의 견해에 영향을 미치고 있다.

〈표 2-4〉 NAT와 HRO 비교

구분	NATs	HROs
대표 학자	Charles Perrow , Scott Sagan	Todd La Porte, Karlene Roberts, Gene Rochlin, Karl Weick, Kathleen Sutcliffe
목적	시스템과 기술에 대한 의사결정이 용이	높은 위험과 복잡성에도 불구하고 거의 오류 없이 작동하는 조직 특성 설명
연구의 초점	시스템 사고를 일으키기 쉬운 고위험 기술의 특성 • 상호작용의 복잡성 • 긴밀한 결합 • 재앙 가능성	다음과 같은 특징이 있는 HRO • 복잡하고 위험하며 상호 의존적인 기술 및 프로세스 • 엄청난 오류 가능성 • 높은 수준의 안전성과 신뢰성

---

4 미 공군의 탄도미사일 조기경보시스템을 말한다.

구분	NATs	HROs
분석수준	매크로: 시스템 수준.	마이크로: 그룹/조직 수준.
연구	사례연구	사례연구
견해	비관적: 시스템 사고 불가피	낙관적: 높은 안전성 기록 달성
안전	NAT 시스템에서는 절대 안전을 달성할 수 없다.	안전은 절대적인 기준이 아니라 상대적인 기준으로 정의된다.
사고 (思考)	• 정상적인 사고의 원인은 시스템 고유의 특성에 존재 • 사소한 오류는 여러 가지 예기치 않은 방식으로 상호작용하여 심각한 재앙 초래 가능	종속변수로서의 사고 원인이 아니라 사고 예방과 오류 없는 운영에 기여하는 것에 중점
인간 운영자	NAT 시스템에서 인간 운영자는 예상하지도, 이해할 수도 없는 예상치 못한 상호작용 오류에 직면	인간 운영자는 조직 전략(예: 이중화, 교육, 마음 챙김)으로 인해 오류를 예상하고 감지하고 대처 가능
기술	• 기술은 복잡성의 원인 • 기술 중복과 안전장치도 복잡성과 긴밀한 결합을 증가시키고 새로운 사고로 이어질 가능성 존재	기술은 복잡성의 원인이지만 이중화, 마음 챙김, 또는 높은 신뢰성의 문화와 같은 개념이 확립된 경우 HRO에서 제어 가능
조직	정상 사고 시스템은 중앙 집중식 조직과 분권 조직이 동시에 필요하며 이는 불가능	• HRO에서는 중앙집중화와 분권화가 균형 이룸. • 상황에 따라 탄력적으로 권한을 일시적으로 경영에서 최전방 운영자로 이동 가능
중재 및 권장 사항	• 위험한 기술 폐기 • 이것이 불가능한 경우 시스템을 수정(예: 상호작용 복잡성 및 긴밀한 결합 감소).	지속적인 학습에 기여하고 다음과 같은 "마음 챙김" 상태를 만드는 데 도움이 되는 조치 • 지속적인 교육 • 직무 순환 • 분산된 의사결정 • 이중화 • 정보 및 정신적 표현의 공유

스위스 치즈 이론(Swiss Cheese Model)

제임스 리즌[James.T.Reason]은 영국에서 심리학을 전공한 학자로 대학에 교수로 재직 중이며, 휴먼 에러에 관한 많은 책을 저술하였다. 리즌은 1997년 "Managing the Risks of Organizational Accidents"라는 책을 출간했다.[21] 이 책에서 사고의 발생 빈도는 낮지만, 강도가 재난에 가까운 원자력 발전소, 화학공장 등에서 발생하는 조직 유발 사고의 모델인 '스위스 치즈' 이론을 발표하였다.

리즌은 조직 유발 사고의 발생 메커니즘을 스위스 치즈 모델로 설명했다. 공정시스템(조직)은 위험에 따른 손실(재산 또는 사람)이 발생하지 않도록 하기 위한 보호 수단을 강구하는데, 조직 측면에서 보호 수단은 매우 다양하고 모호하다. 그래서 경영진들은 사고가 당장 발생하지 않으면 생산에 우위를 둔다. 이러한 상황이 점점 길어지면 방어 수단을 사용하지 않거나, 새로운 방어 수단도 만들지 않아 위험을 한층 증가시킨다. 아래 그림은 심층방어의 이상과 현실을 나타낸 것이다.

방어 수단에는 '하드'한 방법과 '소프트'한 방법이 있으며, 이 둘은 함께 기능을 수행한다. '하드'한 방어 수단에는 안전장치, 물리적 방어 장벽, 경보기와 신호 표시기, 연동장치, 잠금장치, 개인 보호구, 비파괴시험, 구조적 취약부, 향상된 계통 설계 등이 있다. '소프트'한 방어 수단에는 법률, 규정, 교육훈련, 인허가, 인증, 감독, 제어 계통의 운전자 등이다.[22] 이러한 방어 수단을 복합적으로 사용하는 것은 위험을 감소시키기 위해 필요하다. 그러나 시스템이 복잡해져 운전자나 운영하는 사람이 시스템을 파악하는 것이 힘들어지는 부정적인 면도 있다.

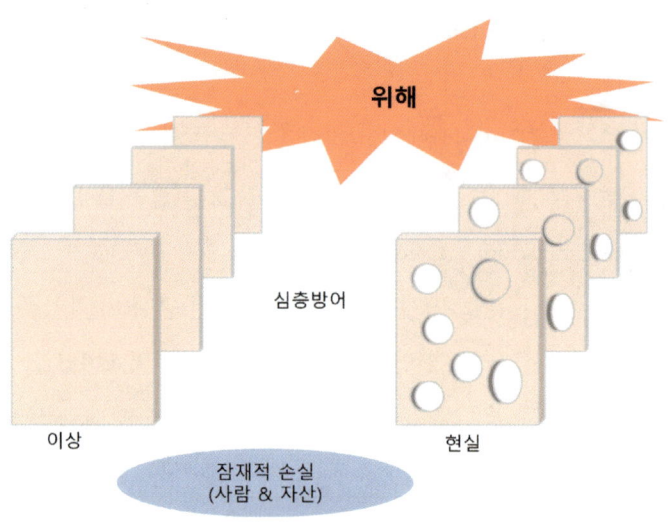

〈그림 2-8〉 심층방어의 이상과 현실[23]

　방어 수단은 조치 실패와 잠복 상황에 따라 '스위스 치즈' 모양과 같이 구멍이 생기게 되는데 이 구멍들은 상황에 따라 나타났다 사라지기를 반복한다. 그러다가 아래 그림과 같이 구멍이 직선상으로 연결되면서 사고가 발생한다는 것이다.

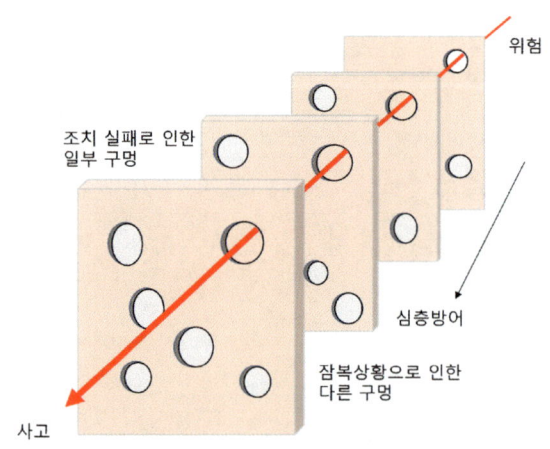

〈그림 2-9〉 방어 수단 등을 통과하는 사고 궤적

리즌은 조치 실패가 방어 수단에 틈새를 만드는 방법을 최소 두 가지로 들었다. 첫째는 최일선 근무자가 현장에서 필요한 업무 수행을 위해 의도적으로 차단하는 경우로 체르노빌(Chernobyl) 원전 사례를 들었다. 둘째는 일선의 운전자가 자신의 역할을 제대로 수행하지 못한 경우이다. TMI 원전과 보팔 메토시아네이트 참사를 예로 들었다.

또한, 기술적 조직에서 잠복 상황은 인체의 병원균으로 보았다. 잘못된 설계, 허술한 감독, 모르고 지나친 제작 결함이나 정비 오류, 쓸모없는 절차, 어설픈 자동화, 불성실한 교육 등이 오랫동안 조직에 잠복한다고 말했다. 리즌은 아무런 사고가 발생하지 않으면 안전이 소홀해져 잠복 상황이 만들어지고, 운영자의 조치 실패와 결합하여 재난이 발생하기 때문에 인적 오류를 줄이고, 잠복 상황을 관찰하기 위해 도구를 사용한 선행적인 진단이 필요하다고도 했다. 결국 조직에서 안전 문화를 구축하여 사고를 예방하기를 권장한다.

'스위스 치즈' 모델을 하인리히의 도미노이론과 다르게 역학적 모델이라고 한다. 그러나 스위스 치즈 이론이 도미노이론과 같이 사고의 발생을 선행적으로 설명하는 것으로 비판하는 사람도 있다. 홀나겔 교수는 스위스 치즈 모델의 기초는 순서와 인과관계를 포함한 선형적 사고에 머물러 있다고 했다.

Safety-II 이론

앞에서 언급한 안전과 관련된 이론들 외에도 위 이론의 바탕이 되는 주장이나 논문이 많이 있다. 라스무센의 휴먼 에러와 시스템에 관련된 논문, 터너의 인재론 등등 많은 석학과 이론이 있다. 안전을 전공하는 학생들이나 전문가들은 이러한 서적들을 읽어 보기 바란다.

최근 안전에 대한 Safety-II라는 새로운 관점을 주장하는 학자가 있다. 그

대표적인 학자가 덴마크 출신 홀나겔Erik Hollnagel이다. 그는 심리학자로 시스템 안전과 레질리언스 공학에 관한 많은 연구와 서적을 출간했다. 그는 2014년 과거의 안전에서 탈피한 새로운 안전으로의 접근을 주장하는 "Safety-Ⅰand Safety-Ⅱ", 부제로는 "안전관리의 과거와 미래(The Past and Future of Safety Management)"라는 책을 출간했다. 국내에서 2016년 "안전 패러다임의 전환 Ⅰ"이라는 제목으로 출간되기도 했다.

홀나겔 교수는 Safety-Ⅰ이 '부적정인 결과의 수가 가능한 낮은 상태'로 정의하고 일의 실패를 피하는 것을 목적한다고 했다. Safety-I 안전관리의 목적은 무엇이 잘못되었을 때 오류를 발견하고 그것을 개선하는 반응적 접근방식(찾기와 수정)이다. Safety-I은 동일한 작업을 상상한 대로 일과 미준수 오류 두 가지 관점에서 보고 안전관리의 목적을 시스템이 첫 번째 모드를 유지하고, 두 번째인 미준수 오류 모드로 진입하지 않도록 하는 것이라고 했다.

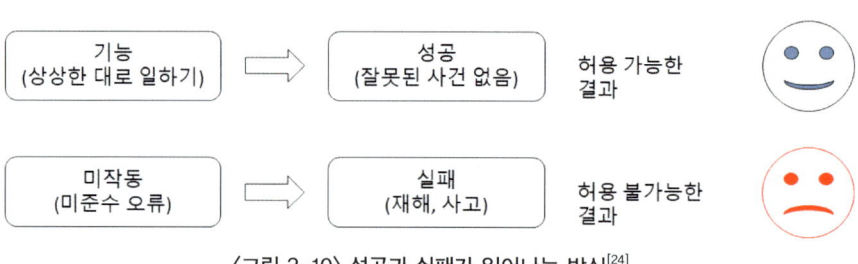

〈그림 2-10〉 성공과 실패가 일어나는 방식[24]

홀나겔 교수는 Safety-I이 부정적인 것을 찾아 개선하는 것이므로 사고 등 부정적인 결과가 없으면 측정할 수 없음을 의미한다고 했다. 그로 인해 안전을 개선하려는 노력이 효과가 있었음을 입증하기 어렵기 때문에 경영진의 지원을 기대하기가 곤란하다는 것이다. 그리고 제트 항공기, 자율주행 자동차, 스마트 폰이 등장하는 등 세상은 너무나 빠른 속도로 발전하고 있어 Safety-I만으로는 현대의 사회 기술 시스템에서 안전 확보가 불가능하다고 보았다. Safety-I과 더불어 Safety-II의 안전관리 접근방식을 주장했다.

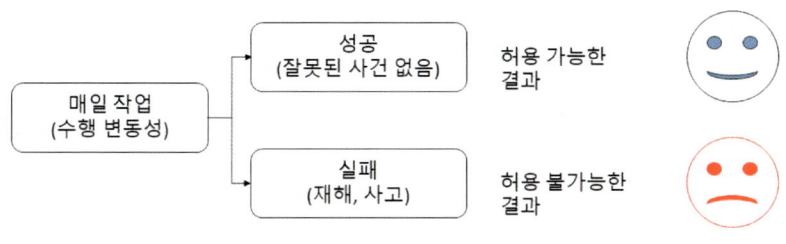

〈그림 2-11〉 성공과 실패가 동일 방식으로 발생(홀나겔)

Safety-II는 10,000가지의 사례 중 잘못되는 한 가지 사례만 보는 대신 시스템에 문제가 어떻게 발생하는지 이해하려면 정상적인 9,999가지 사례도 살펴봐야 한다. 사람들이 작업에서 변동성이 발생하면 현재 상황에 맞게 조정하기 때문에 성공한다는 것이다. 즉, 성공과 실패는 동일한 방식에서 발생한다. 대부분의 사회·기술 시스템은 다루기 어렵기에 작업절차나 조건 등 전부를 예측하는 것은 불가능하다. 따라서 Safety-II는 작업의 수행 변동성이 정상적이고 필연적으로 수반된다는 개념을 가진다.

홀나겔 교수는 Safety-I과 Safety-II를 발현, 메커니즘, 기초의 3가지 주요 범주로 구분하여 설명하고 있다. Safety-I과 Safety-II의 주요 개념을 비교하면 아래 표와 같다.

〈표 2-5〉 Safety-I과 Safety-II 비교(홀나겔)

구분	Safety-I	Safety-II
안전의 정의	가능한 잘못되는 일이 적음	가능한 많은 일이 제대로 진행

구분	Safety-I	Safety-II
안전관리 원칙	대응적, 어떤 일이 발생하거나 허용할 수 없는 위험으로 분류되는 경우 대응	적극적이고 지속적으로 발전과 사건을 예측하려고 노력
인적요소에 대한 관점	인간은 주로 책임이나 위험으로 간주	인간은 시스템 유연성과 탄력성에 필요한 자원으로 간주
사고조사	사고는 고장과 오작동으로 인해 발생 조사의 목적은 원인을 파악하는 것	결과와 관계없이 상황은 기본적으로 같은 방식으로 발생 조사의 목적은 일이 어떻게 때때로 잘못되는지 설명하기 위한 기초로서 일이 일반적으로 어떻게 진행되는지 이해하는 것
위험성 평가	사고는 고장과 오작동으로 인해 발생 조사의 목적은 원인과 기여 요인을 식별하는 것	수행 변동성을 모니터링하고 제어하기가 어렵거나 불가능해지는 조건을 이해

우리의 삶을 좌우하는 사회·기술 시스템이 점점 더 복잡해지고 있기에 Safety-I만의 접근방식을 유지하는 것이 부적절하다. 그렇다고 Safety-II만으로도 어렵다. 홀나겔 교수는 앞으로 사회 기술적 시스템에서 Safety-I을 Safety-

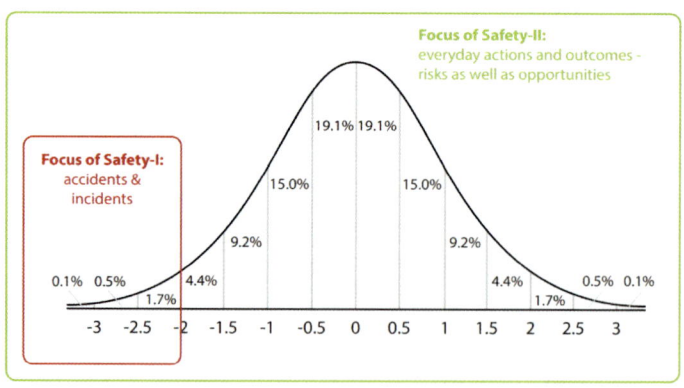

〈그림2-12〉 Safety-I과 Safety-II의 초점(홀나겔, 2014)

II의 대체가 아니라 두 가지 사고(思考)방식의 조합에 있다고 했다. 그림은 Safety-I과 Safety-II의 초점이다.

　Safety-II가 NAT 이론가 등이 주장하는 복잡하고 긴밀하게 연계된 사회·기술 시스템에 필요하다고 하지만, 그렇지 않은 시스템에도 적용할 수 있다. 실제 적용할 수 있는 사례가 많다. 산업현장에서 같은 제품을 생산하고 유사한 공정을 보유한 사업장의 한 곳은 계속 화재가 발생하고 품질 불량도 잦다. 이 사업장은 사고도 없고 제품 불량도 없는 다른 사업장의 공정과 작업을 사례로 배우고 개선한다. 이것도 Safety-II의 접근방식이라 생각한다. 실제 이렇게 하지 않아 발생한 사고로 인해 피해를 키운 사고가 제1부에서 언급한 리튬전지 사고다.

　홀나겔 교수가 Safety-II의 접근방식의 필요성을 주장한 지도 벌써 10년도 넘었다. Safety-II의 혁신적인 생각에 수긍하는 사람도 많이 있으나 다른 의견을 가지고 있는 학자도 있다. 그럼에도 그동안 위험을 찾아 개선하는 방식이 한계에 있다는 점도 사실이다. 급변하는 환경에서 안전관리의 새로운 방식을 적용해 볼 시점이기도 하다.

□ 안전 기술의 한계

가장 엄격한 법은 때로는
가장 가혹한 불의가 되기도 한다.
– 벤저민 프랭클린^{Benjamin Franklin} –

기술의 발전은 제2차 세계대전이 변곡점이 되었다. 다양한 기술이 군사 목적으로 개발되었고, 새로운 기술도 요구하였다. 제2차 세계대전 이후 전 세계에서 구축하려고 하는 시스템은 그 이전과 다른 종류의 시스템이 만들어지고 있는 환경으로 바뀌었다. 1998년 세계적인 유동성 위기 이후에는 더 빠른 속도로 경제 환경과 더불어 기술이 하루가 다르게 변화하고 있다.

금세기 초에는 기초 기술을 발견하고 상품으로의 전환에 걸리는 시간이 30년이었다. 오늘날에는 기술 발견 2~3년 후 상품이 시장에 출시되고 5년 이후에는 쓸모가 없어질 정도로 빨라졌다. 더 이상 상업적이거나 과학적 사용 이전에 모든 잠재적인 위험을 이해할 수 있도록 주의 깊게 시험하는 시스템과 설계를 보유하고 있지 않다.[25]

현대의 산업 설비는 그 규모가 꾸준히 증가하고 있다. 시스템도 고도의 융합과 결합으로 복잡성과 연계성이 강화되고 있다. 특히, 원전 · 화학산업 · 우주 및 항공산업 · 해양산업 등 사회 · 기술 시스템이라고 일컫는 분야가 그렇다. 이러한 복잡한 시스템에서는 위험성과 사고를 예측하기가 어렵다. 그리고 인간이 예측을 너무 못한다는 것도 문제다. 심리학자 돈 무어^{Don Moore}와 유리엘 해런^{Uriel Haran}은 예측 방식을 연구한 결과 90퍼센트 신뢰구간에서 정답이 나오는 경우가 50퍼센트도 미치지 못한다고 하였다. 90퍼센트 확신하고 내리는 예측이 맞을 확률이 절반도 안 된다는 것이다.[26] 사고도 예측하지 못한 곳에서 자주 발생하기도 한다.

2023년에 "더 데이스"라는 실화를 바탕으로 둔 일본 드라마가 공개되었다. 이 드라마는 후쿠시마 원전 사고와 그 과정을 담고 있다. 국내에는 다른 국가와 달리 늦게 공개되었다. 드라마 내용에 대한 사실 여부는 접어두고, 제1화에 이러한 내용이 나온다. 지진과 쓰나미로 인해 원전의 모든 전원이 차단된다. 원자로 냉각을 위한 냉각 펌프 가동용 발전기도 물에 잠겨 작동이 안 된다. 이러한 혼란 중에 드라마에 등장하는 인물들이 사고 현장의 현재 상황을 알지 못한다. 매뉴얼을 봐야 조치할 수 있다는 대화도 등장한다. 본부장과 여러 사람이 매뉴얼을 보면서 "TMI와 체르노빌 원전도 전체의 전원이 차단된 적이 없다. 그래서 우리는 전체 전원 차단을 전제로 훈련하지 않았다"라는 본부장의 대화도 나온다. 이러한 상황을 전혀 예측하지도 않았다는 내용이다. 사고 발생 후 조치도 지연되었고 그 피해가 50년, 100년 이상이 걸릴지도 모르는 일이 되어 버렸다. 후쿠시마 원전 사고는 매뉴얼을 숭배하는 일본의 안전 신화가 무너진 날이기도 하다.

기술의 발달

18세기 중반인 1760년에 1차 산업혁명[5]이 시작되었다. 1차 산업혁명에서 제임스 와트가 증기기관차를 발명하였고, 광산을 개발하면서 숯 대신 석탄을 사용하고 철 제련을 위한 철강 산업이 발전하기 시작했다. 이러한 기술의 혁명으

---

5 1차 산업혁명은 1760~1820년 영국에서 시작된 기술 혁신과 산업의 변화를 일컫는 용어는 1844년 프리드리히 엥겔스가 "The Condition of the Working Class in England"에서 처음 사용하였고 아놀드 토인비가 1884년에 이를 구체화하였다.

로 유럽의 여러 왕족·귀족 지배체제가 무너지고, 공업화로 농촌인구는 대부분 도시로 이동하여 도시 인구가 폭발적으로 증가하기 시작했다. 도시는 공업화와 인구의 증가로 인해 공기가 나빠졌고, 위생이 불결해졌다.

1800년대 후반부터 1900년대 초반까지 화학, 전기, 석유와 철강 중심의 기술 혁신이 시작되었다. 이것이 2차 산업혁명이다. 2차 산업혁명은 영국뿐만 아니라 독일, 미국이 중심이 되었다. 전기가 발명되면서 산업과 생활에서도 많은 변화를 불러왔고, 테일러$^{Frederick\ Winslow\ Taylor}$의 '과학적 관리(1911)'를 적용함으로써 공장에서 대량생산이 활발해졌다. 생산을 늘리기 위해 노동자의 통제·관리가 중요한 요소로 등장했다.

1965년 인텔의 공동 창업자 고든 무어$^{Gordon\ E.\ Moore}$가 반도체 집적회로의 트랜지스터가 2년마다 2배로 증가함을 예측했다. 이것의 사실 여부와 관계없이 무어의 법칙은 시간이 지남에 따라 진행이 더 빨라지고 작아지고 더 효율적으로 변화할 것임을 시사했다. 현재는 무어의 법칙이 의미가 없어졌다. 무어의 법칙보다 더 빠른 속도로 세상이 변화함을 느낄 것이다. 스마트폰 모델이 매년 바뀌고 전자기기들이 고도화된다. 무어가 말한 반도체의 발전이 3차 산업혁명에서 중요한 부분을 차지했다.

3차 산업혁명은 넓게는 1950년대부터 1999년도까지로 보는 견해가 있다. 20세기 중후반을 3차 산업혁명 시기로 본다. 이 시기에는 IT 기술의 발달로 컴퓨터가 모든 분야에 사용되고 인터넷의 보편화로 네트워크가 세계화되었다. 제조업에도 디지털화가 촉진되었다. 우리나라도 이 시기에 산업화와 경제개발에 집중하여 선진국으로의 발판을 마련하기도 했다. 3차 산업혁명의 기술이 4차 산업혁명의 기초가 되었다.

4차 산업혁명은 세계경제포럼 회장인 클라우스 슈밥$^{Claus\ Schwab}$이 2016년 다보스포럼에서 4차 산업혁명의 시대를 선언하면서 시작되었다. 슈밥은 4차 산업혁명이 현재 진행 중인 근거를 속도, 범위와 깊이, 시스템 충격 3가지[27]로 들었다. 4차 산업혁명의 기술은 블록체인(Block Chain), 빅 데이터(Big Data), 인공 지능(Artificial Intelligence), 로봇공학(Robotics), 사물인터넷(Internet of Thing) 등이 있다.

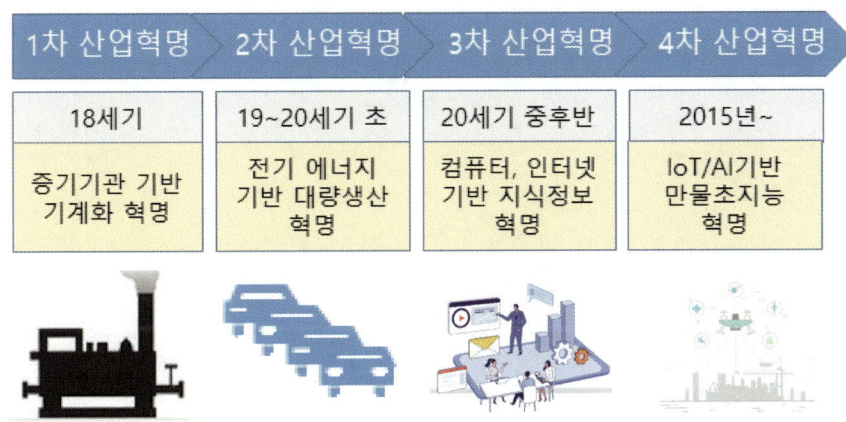

1차 산업혁명	2차 산업혁명	3차 산업혁명	4차 산업혁명
18세기	19~20세기 초	20세기 중후반	2015년~
증기기관 기반 기계화 혁명	전기 에너지 기반 대량생산 혁명	컴퓨터, 인터넷 기반 지식정보 혁명	IoT/AI기반 만물초지능 혁명

〈그림 2-13〉 산업혁명 시기와 기반

현대는 엄청난 속도로 기술이 변화하고 있다. 우리 생활 속 변화뿐 아니라 산업에서도 과거와 다르게 생산설비나 장치들을 자동화하고 있다. 식당에서 종업원 대신 로봇이 배달하고, 로봇이 커피를 만들어 판매하고, 인간과 같이 작업하는 협동 로봇이 생겨났다. 그 외에도 너무나 많은 것들이 변화하고 있다. 그러나 이러한 기술의 발전에 비해 그 기술을 이해하는 안전 기술과 제도 등은 너무나 늦은 속도로 따라간다. 발명과 신기술은 종종 그들의 과학적 기초와 공학 지식보다 앞서 왔지만, 그 결과는 과학과 공학이 따라잡기 전까지는 항상 위험과 사고를 증가시켰다.[28] 4차 산업혁명 시대는 설계자와 제조자가 더욱 고도의 기술을 이용하여 안전한 설비나 장치를 설계하거나 만들려고 노력해야 한다. 해당 기술이 없는 3자가 설비나 장치를 이해하기 힘들기 때문이다.

위험의 증가

과거의 위해들은 코나 눈을 공격하기 때문에 감지할 수 있었다. 반면 오늘날의 문명이 낳은 위험들은 확실하게 인지하지 못하며(식료품에 포함된 유해 물질이나 핵 위협과 같이) 물리·화학적 공식의 영역에 있다. 이 말은 율리히 백Ulrich Beck이 1986년 출간한 '위험사회'라는 책에서 근대화가 낳은 위험으로 정의하였다.[29] 위험이 점점 커지고 복잡해져 예측 불가능이 점점 심해지고 있음을 시사하는 말이다.

앞에서 기술한 산업혁명 기술의 발달은 새로운 위험을 증가시켰다. 빠른 속도, 규모가 크고 복잡한 시스템의 등장, 깊고 높은 건축물, 새로운 화학물질의 발견과 사용, 디지털 기술의 발전 등으로 사고의 본질이 변하고 있다. 위험은 커졌고, 대형화되었다. 범위도 넓어졌다. 일부 전문가를 제외하면 그 시스템을 이해하는 사람도 별로 없다.

테슬라가 교류 전기를 발명한 이후 1895년 웨스팅하우스사가 나이아가라 폭포에 수력발전소를 만들면서 본격적인 전기의 시대로 접어들었다. 많은 화력발전소도 생겼다. 국내에서도 1930년에 서울 당인리 화력발전소를 준공하였다. 1942년에는 미국이 최초 원자로를 완성하였다. 그러나 아이러니하게도 소련이 1954년에 최초 원자력 발전소를 만들었고, 미국이 1957년에 원자력 발전소를 가동하였다.

1979년 3월 28일 미국 TMI 원자력 발전소 2호기에서 사고가 발생했다. 사고는 간단한 배관 문제에서 시작했다. 작업자 1명이 비핵구역에서 일상적인 정비 작업을 수행했다. 어떤 이유로 평소 원자로에 물을 보내는 펌프가 고장났다. 증기발생기에 물을 제거할 수 없게 되었고 그로 인해 원자로 내부 온도와 압력이 상승했다. 설계대로 압력 완화 밸브가 열렸다. 하지만 곧바로 문제가 발생했다. 압력이 정상으로 돌아왔는데도 압력 완화 밸브가 닫히지 않았다. 밸브는 열린 채 고착되었고, 노심을 냉각시켜야 하는 물이 빠져나가기 시작했다.

운전원들은 제어실 표시등을 보고 밸브가 잠겼다고 믿었다. 표시등에 오류가 있었다. 현재와 같이 노심 수위를 직접 보여주는 기기가 없었기 때문에 가압기 수위에 의존했다. 그러나 가압기에는 수위가 상승 중인 것으로 나타났다. 비상 냉각장치가 자동으로 노심에 물을 주입하자 그것을 꺼버렸다. 실제로 정반대인 상황임에도 운전원들은 물이 너무 많다고 판단했기 때문이다. 곧 무엇인가 잘못된 것인 줄 알았으나, 물이 빠져나가고 있다는 걸 안 것은 이후 몇 시간이 걸렸다. 많은 경적과 경고등이 울리고 켜졌다. 노심이 절반 이상 녹아버렸고, 일부 방사성 기체가 공기 중에 노출되었다. 인명 피해는 없었으나 주민 10만 명 이상이 긴급 대피했다. 이 사고 후 미국은 원자력 발전소 증설 계획을 취소하거나 수정했다. 7년 후 체르노빌 원전, 32년 후 후쿠시마 원전 사고가 발생했다.

우리나라는 60년대 이후부터 중공업화 업종의 하나인 석유 화학공장이 울산·여수·대산 등에 밀집해 있다. 이 지역을 콤비나트(kombinat)[6]라고 부르기도 한다. 이 지역은 화학공장에서 사고가 발생하면 공장 근로자뿐 아니라 인근 공장, 주민들까지 피해를 볼 확률이 높다.

2012년 구미의 한 소규모 공장에서 불산 누출 사고가 있었다. 취급하는 물질이 위험물이 아니었으면 별문제가 없었을 밸브 오조작에 따른 부주의로 불산이 누출되었고 다수의 사상자와 주민들의 농작물에 피해가 발생했다. 대형 화학공장에서 이와 유사한 사고가 발생하면 피해 규모는 훨씬 클 것이다.

일반 산업현장에서도 위험이 증가했다. 설비는 자동화되고 제어시스템은 복잡해지고 정밀해졌다. 사람과 기계 사이의 인터페이스를 강화하고 있다. 기술

---

6 유사 업종의 기업들이 시너지를 얻기 위하여 인접 지역에서 제휴하여 결합하는 형태를 의미한다.

이 발달하면 산업현장의 설비가 좋아지고 안전해져 큰 사고들이 발생하지 않아야 한다. 그런데 업종을 불문하고 산업현장에서 사고가 자주 발생한다. 유사한 업종에서는 사고의 패턴도 비슷하다.[7]

최근에는 사망사고의 빈도가 설비를 정비·보수하는 과정에서 증가하고 있다. 설비를 자동화하고 대형화하면서 두드러지게 나타나는 현상이다. 정비·보수 중 사망사고가 다발 하는 이유는 정비자가 설비의 시스템을 잘 알지 못한 오류가 있기 때문이다. 또 공정을 대형화하면서 생산 라인을 정지시키기가 곤란해 운전 중 정비와 작업 시간을 아끼기 위해 가동 중 청소를 할 때도 있다.

현대의 기술 발달은 과거보다 위험을 증가시켰다. 세계적 네트워크로 지금 지구 어디에선가 일어나는 일이 실시간 전 세계로 중계가 가능하다. 방송사가 아닌 개인이 SNS, 유튜브를 통해 전 세계로 알릴 수도 있다. 사고와 재난도 실시간으로 전 세계인이 알 수 있다. 국내에서 일어나면 국민 전체에게 빛의 속도로 공유하는 세상이 되어 버렸다.

최근 대기업의 공장에서 사망사고가 발생했다. 국민은 안전에 투자하지 않는 기업으로 인식하여 불매운동까지 벌렸다. 안전관리가 기업의 브랜드와 이미지에 결정적인 역할을 할 수 있음을 알아야 한다. 이제는 위험이 똑똑해지기까지 했다.

---

7 사회·기술 시스템이 아닌 일반적인 산업현장에서는 사고는 비슷한 업종과 비슷한 규모에서 발생하는 산업재해는 패턴이 비슷하다. 그래서 사망사고가 많이 발생하는 기인물이 존재하고, 그 작업 내용과 사고 발생형태가 유사하다.

제2장

OSHMS의 필요성

□ OSHMS의 필요성

> 균형을 유지하기 위해서는
> 계속 움직여야만 한다.
> – 아인슈타인^{Albert Einstein} –

OSHM 시스템이 안전과 보건에 긍정적인 영향을 미치는지에 대한 많은 논의가 선진국을 중심으로 이어져 왔다. OSHM 시스템 옹호자들은 시스템이 저절로 더 나은 안전 성과로 이어질 것이라 당연하게 여긴다.[30] 반면 비평가들은 '엉터리', '관료화', '서류 중심' 등 시스템을 묘사하기 위해 거친 단어를 사용하여 지적하고 있다.[31] 다른 문제는 중소기업에 대한 유용성과 비용이며[32] 협력업체 등 이해관계자에게 위험이 전가될 우려에 대한 문제 제기도 있다.[33] 또, OSHM 시스템 인증 제도는 기업에 대한 비용을 증가시키고 그 자체가 목적이 된다는 비판을 받고 있다.[34] 이와 같은 논란과 논의는 국내에서도 마찬가지다.

필자는 이러한 비판에도 불구하고, OSHM 시스템이 안전과 보건에 있어 프레임워크를 제공한다고 여긴다. OSHM 시스템이 반드시 안전 · 보건의 향상을 가져오지 않을 수 있지만 유용한 도구이다. 비평가들이 말하는 OSHM 시스템의 문제는 현재 많은 부분이 보완되었거나 개선이 이루어지고 있다. OSHM 시스템은 계속 진화하고 있다고 볼 수 있다.

이 장에서는 OSHM 시스템이 산업현장에 왜 필요한지에 대해 논의할 것이다. 비평가들이 제기하고 있는 중소기업에서의 시스템 유용성 문제와 운영에 관한 내용은 제3부에서 논의하고자 한다.

모든 것이 시스템이다.

시스템이란 그리스어 'systema'에서 유래된 것으로 사전으로는 특정 목적을 달성하기 위해 2개 이상의 구성요소가 상호 작용하거나 상호 의존하는 유기적 집합체라고 정의한다. 식물도 시스템으로 작동하며 살아간다. 땅속에 있는 수분과 양분을 뿌리로 흡수하여 줄기를 타고 잎까지 전달되고 광합성도 하고 꽃도 피고 열매도 맺는다. 겨울이 다가오면 수분과 양분을 끊는다. 단풍이 들고 낙엽도 진다. 혹한이 오기 전에 밑동과 가지의 세포에서 물을 밖으로 내보내고 영양분만 남겨 세포 내부를 시럽 상태로 만든다. 세포 사이 공간에는 물이 없어 섭씨 영하 40도에도 얼음 결정이 생기지 않는다고 한다.[35] 이렇게 나무는 겨울을 보낸다. 사람의 신체는 더 말할 것도 없다. 이 사회와 국가가 돌아가는 것도 대부분 시스템에 의해서다. 기업도 마찬가지다.

기업에는 많은 시스템이 존재한다. 기업 시스템에는 재무관리, 정보관리, 인사관리, 생산과 공정관리 등등이 있다. 미국의 한 연구팀에서 "좋은 회사에서 위대한 회사로"라는 제목으로 연구 결과를 발표했다. 포춘지가 선정한 30년 이상 된 500대 기업 중 지속 가능 여부를 고려한 11개 기업의 공통점 4가지를 발표했다.[36] 그중 3가지가 시스템과 관련 있는 내용이다. 하나는 창의와 열정을 가진 인재를 기르는 인재 관리시스템이 존재한다는 것이다. 다음으로 그 기업의 고유한 위기관리시스템을 가지고 있다는 것이다. 그리고 마지막으로 고효율의 자율 경영시스템이 작동한다는 것이다. 이렇듯 위대한 기업들은 시스템이 내재화되어 있다. 위대한 기업이 아닌 기업에서도 생산과 관련 있는 것은 시스템화한다. 그런데 안전관리는 왜 시스템화하지 않는가? 심지어 사고(思考)도 시스템적으로 해야 한다고 하는데 말이다.[8]

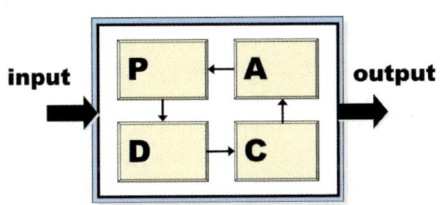

〈그림 2-14〉 나쁜 시스템과 좋은 시스템

2023년 9월 11일 북아프리카 리비아 동북부를 강타한 강력한 폭풍우로 댐이 무너져 수천 명이 사망하고 수천 명이 실종되는 재난이 발생했다. 리비아는 2011년부터 카다피 정권이 무너진 후 무정부 상태로 사전에 댐 붕괴의 위험성을 알리는 주장들이 있었지만, 그에 대응하는 국가 시스템이 존재하지 않았다. 그야말로 리비아의 재난은 시스템이 존재하지 않아 발생한 엄청난 인재(人災)이다. 이처럼 시스템의 힘은 엄청나다. 국가뿐만 아니라 기업도 마찬가지다.

현대의 새로운 기술이 사고의 원인에 근본적인 변화를 주고 있다. 우리는 어떻게 하면 사고를 예방할 수 있는지에 관한 생각과 활동도 새로운 기술에 맞게

---

8 "System Thinking"은 시스템 다이내믹스에 뿌리를 두고 있으며, 전체와 상호작용의 관점에서 세상의 복잡성을 이해하는 방법이다. 시중에 관련 서적도 많이 나와 있다.

〈그림 2-15〉 물이 빠진 후 모습[37]

변화하여야 한다. 또한 새롭고 빠른 기술에 의한 문화 지체[9] 현상도 심각하다. 사건 연쇄(도미노, 스위스 치즈 이론)를 기반으로 하는 인과관계 모델은 너무 단순하고 사고가 발생하는 이유와 예방 방법을 이해하는 데 필요한 내용을 포함하고 있지 않다.[38] 그래서 하나하나 위험을 찾아 개선하는 것이 아닌, 시스템적으로 위험을 분석하여 개선하는 등 사전에 사고를 예방하는 방식에 더 집중하여야 한다.

낮은 재해율을 유지한다.

필자는 OSHMS를 구축하여 운영하면 정말 재해를 예방할 수 있는가? 라는 질문을 많이 받는다. 이 질문에 대답은 당연히 "그렇다"이다. 그 근거는 국내외를 막론하고 매우 많다. 다수의 연구 결과와 학위논문에서 OSHMS가 사고의

---

9 문화 지체(Cultural Lag)는 비물질문화가 물질문화를 따라잡지 못하는 현상의 말로 과학 기술의 발달을 제도적인 부분이 따라가지 못한다는 현상을 말한다.

발생 가능성을 낮춘다는 것을 검증하고 있다.

KOSHA 자료에 따르면 2018년부터 2021년까지 4년간 OSHMS 인증 사업장과 미인증 사업장 간의 사고사망 만인율[10]과 재해율을 비교한 결과 인증 사업장이 낮았다. 건설업을 제외한 전 업종 사업장 중 인증 사업장은 사고사망 만인율이 0.119‰로 미인증 사업장 0.240‰보다 50% 이상 낮았고, 건설업의 경우에는 인증 사업장 0.333‰로 미인증 사업장 2.327‰보다 70% 이상 낮았다.

〈표 2-6〉 OSHMS 인증 & 미인증 사업장 재해현황 비교[39]

	전 업종(건설업 제외)			건설업	
	인증	미인증		인증	미인증
만인율	0.119‰	0.240‰	만인율	0.333‰	2.327‰
재해율	0.16%	0.38%	재해율	0.2%	1.34%

일본도 국내와 마찬가지로 OSHMS 구축 사업장의 재해율이 낮다. 2008년 일본 중앙노동재해방지협회의 발표한 자료에 따르면 OSHMS 구축한 사업장의 휴업재해 연간 천인율[11]이 3.26%로 구축하지 않은 사업장의 천인율 6.71%보다 50% 이상 낮았다.

또한, 2004년 2월 일본 후생노동성 노동 기준국에서 재해율이 낮은 사업장의 특징을 아래와 같이 5가지를 발표했다.[40] 이것들은 모두 OSHMS의 주요한 구성요소들로 OSHMS를 잘 운영하면 해결되는 것들이다.

---

10 $\frac{사망자수}{근로자수}$ × 10,000로 단위는 ‰로 permyriad(만분율)로 표시한다.

11 $\frac{재해자수}{근로자수}$ × 1,000로 단위는 ‰로 permill(천분율)로 표시한다.

① 최고 책임자의 적극적인 안전관리 활동

② 안전 인원의 충족과 지식 경험의 유지

③ 예산의 투입

④ 하청 등 협력업체와 협력과 정보교환

·⑤ 위험성 평가 실시

앞서 살펴본 바와 같이 OSHMS는 기업에서 발생하는 산업재해를 낮추는 효과가 있다는 것이 정설이다. 사업장의 규모나 공정을 불문하고 OSHMS를 구축하여 운영하는 것이 산업재해를 예방하는 길이다. 대형 화학공장이나 원자력 발전소, 해운산업 등 사회 기술적 시스템도 해당 기업의 특성에 맞는 기법 등을 OSHMS에 포함하여 운영하는 것이 전체적이고 효과적일 수 있다. 현재도 안전관리가 잘 이루어지는 화학공장 등에서는 이렇게 시스템을 운영하고 있다.

안전 문화의 접근법이다.

공식적인 안전 문화의 용어는 1986년 체르노빌 사고 이후 IAEA[12]에서 발간한 INSAG[13]-1 체르노빌 사고 후 검토회의 결과 요약 보고서에서 최초 사용하였다고 한다. 그 이전 1986년 미국의 우주왕복선 챌린저호 폭발 사고[14]와 1995년 국내의 삼풍백화점 사고 등등 단순한 원인이 아닌 복합적이고, 복잡한 사고

---

12 국제원자력기구(International Atomic Energy Agency)는 원자력을 평화적인 목적의 이용을 장려하기 위해 1957년에 설립된 UN 산하 독립기구다. 오스트리아 빈에 본부를 두고 있다.

13 국제원자력안전자문그룹(International Nuclear Safety Advisory Group)으로 1985년에 설립되었다. 이후 2002년부터 국제원자력안전그룹(International Nuclear Safety Advisory Group)으로 이름은 바뀌었지만, 약어는 계속해서 INSAG로 사용하고 있다.

14 챌린저호 폭발 사고에서 공식적인 안전 문화 용어는 사용하지 않았지만, 원인은 안전 문화의 결핍이었다.

가 발생하면 대부분 안전 문화의 결핍에서 그 원인을 찾고 있다.[41]

안전 문화의 정의에 대한 개념은 국내·외의 많은 학자가 조금씩 다르게 주장한다. 학자들의 개념을 종합하면 안전 문화는 조직 구성원이 안전을 우선시하고, 안전의 중요성에 대한 가치와 신념, 태도, 인식, 관행과 행동양식 등을 종합하는 무형(유형으로 나타날 수 있는)으로서 조직이 가지고 있거나 표방하는 것을 포함하는 개념 정도로 판단된다.

안전 문화를 연구한 학자들이 안전 문화가 사고 발생에 긍정적인 영향을 미친다는 연구 결과를 발표했다. 비단 안전학자나 전문가가 아닌 비전문가도 안전 문화가 사고를 예방하는 좋은 수단이 된다는 것을 누구도 부인하지 않는다.

안전세계에서는 안전 문화와 OSHMS에 대한 논쟁이 존재한다. 일부 전문가는 안전관리의 핵심은 OSHMS이며, 안전 문화는 OSHMS의 운영을 통해 나타난 결과라고 주장한다. 다른 일부 전문가는 OSHMS는 안전 문화를 통해 만들어진 창작물의 하나로 보는 견해이다. 필자는 이 두 가지의 논리가 다른 것이아니고 무엇을 우선하여 받아들이는지에 따라 달라진다고 생각한다. 닭이 먼저냐, 계란이 먼저냐의 논쟁과도 비슷해 보인다.

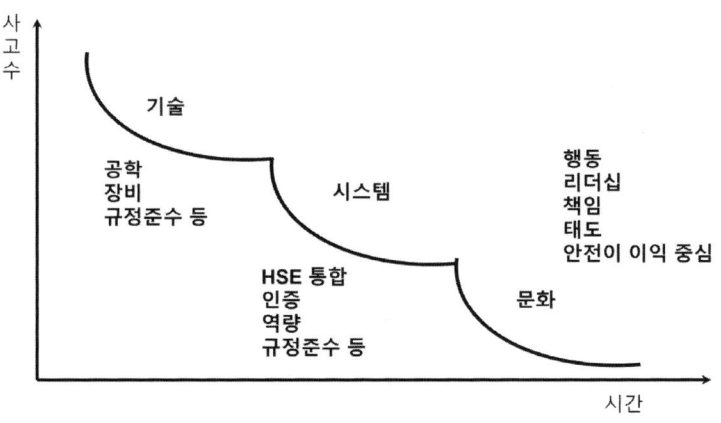

〈그림 2-16〉 안전보건의 변화[42]

석유와 가스 산업 등의 안전관리의 인적 요인에 대한 세계적 권위자 중 한 명인 허드슨^{Patrick Hudson}은 한 연구에서 시간 변화에 따른 사고 발생 빈도를 설명하면서 안전 문화를 OSHMS의 다음 단계로 보았다. 그런데 현대의 국내외 OSHMS은 허드슨이 말한 안전 문화의 리더십이나 행동, 책임 등의 요소들을 시스템의 구성요소로서 포함하고 있다.

앞의 논쟁과는 별개로 일반적으로 문화를 바꾸거나 새로이 만드는 데는 긴 시간이 걸린다. 쉽게 창조하거나 만들어질 수 없다[43]는 의미이다. 안전 문화도 마찬가지다. 그래서 CEO들은 자신이 운영하는 기업의 안전 문화를 좋은 문화로 바꾸기를 꺼린다고도 한다. 짧은 기간 동안 안전 문화의 성과를 만들어 낼 수 없기 때문이다. 임기 내 안전에 대한 성과를 만들려면 '문화를 하지 마라'라고 주장하는 학자도 있다.

OSHMS은 문화와 달리 조금 더 빠르게 안전 성과를 거둘 수 있다. 필자는 OSHMS가 그 조직에 정착되고 내재화되면 안전 문화가 만들어지고 있는 단계에 도달한다고 생각한다. OSHMS는 문화 변화를 구현하는 데 도움이 되는 유용한 수단이며, 문화를 재창조하지는 않지만, 지속적인 개선과 운영 우수성의 문화를 형성, 주입과 강화하는 구조화된 수단을 제공할 수 있다고 본다.[44]

OSHMS인 ISO 45001의 일부 요소를 보면(아래) 전체 시스템에서 사람과 조직 중심의 활동이 매우 중요하다는 것을 알 수 있다. 최근 연구자들이 개발한 안전 문화의 측정 도구에는 안전 태도 또는 인식, 가치 등의 안전 풍토와 더불어 OSHMS 요소를 포함하고 있다. 그래서 필자는 안전의 장기적 목표인 조직의 좋은 안전 문화 정착을 위해 먼저 OSHMS를 구축하여 운영하자는 것이다.

- 조직과 조직 상황을 이해
- 조직의 역할, 책임 및 권한 등 리더십
- 근로자와 협의 및 참여

- 안전보건 목표
- 위험 요인 등 리스크 파악 및 평가
- 역량 개발, 자원
- 이해관계자와의 의사소통 프로세스
- 위험 요인 제거, 변경관리 등 운영 통제
- 모니터링 및 성과 분석 등 성과평가 프로세스
- 고위 경영자의 경영 검토
- 지속적 개선 등

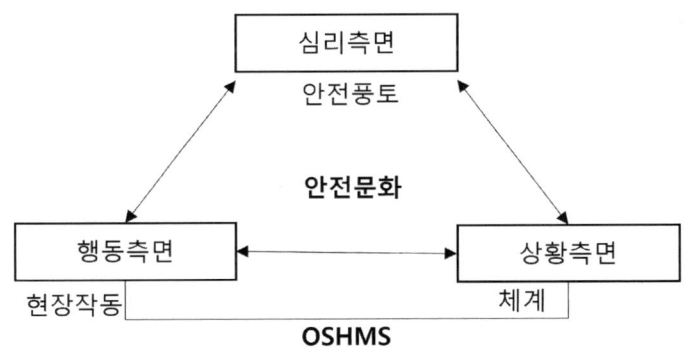

〈그림 2-17〉 안전 문화 3가지 측면

세계적인 추세다.

현재 국내 기업에서 구축·운영하고 있는 OSHMS는 KOSHA-MS와 ISO 45001이다. KOSHA-MS는 국내 안전보건전문기관인 KOSHA에서 1999년 7월에 KISCO 2000이라는 인증 기준을 개발하여 운영한 것이 모태가 되었다. KISCO 2000은 BS 8800과 산업안전보건법 요구조건, ILO 권고사항을 반영하여 규격화하였다. 나중에 OHSAS 18001의 내용을 일부 반영하여 KOSHA

18001로 변경하여 운영하다가 ISO 45001(2018)이 공표되면서 KOSHA-MS로 규격을 전환하였다.

그동안 안전에 관한 국제 표준은 없었다. 영국 등의 외국계 민간 컨설팅업체를 중심으로 하는 표준과 ILO 권고 표준만이 있었다. 국내의 경우 대기업 등 일부 개별 기업의 희망에 따라 OSHM 시스템을 도입하여 운영했다. 국제 표준 ISO 45001의 공표는 기업경영에서 반드시 안전관리가 필요하다는 것이 국제적으로 공감대를 얻은 결과이다. ISO는 2013년부터 ILO와 업무협약을 체결하여 안전에 관한 국제규격화를 위한 노력을 해왔다. 여러 번의 투표와 수정·보완을 거쳐 최종 2018년 3월에 ISO 45001 국제 표준을 공표하였다. 국내에서는 이듬해 1월에 KS Q ISO 45001:2018로 제정하였다.

이전에 다수의 전문가가 안전관리는 국제 표준이 안 될 것으로 보았다. 나라마다 법과 법체계, 상황과 문화가 다르기도 하고, 안전은 노동의 영역에서 다루어져야 한다며 ILO에서 줄기차게 반대해 왔기 때문이다. 그러나 세계적으로 너무나 많은 사고가 발생하고 있고, 매년 231만 명이 재해로 사망한다고 한다. 이로 인한 경제적 손실이 막대하고, 개인이나 기업과 국가, 나아가 전 세계에까지 영향을 미친다. 그래서 세계인을 재해로부터 보호하기 위한 필요성이 공론화되고 인정되어 국제 표준으로 제정한 것이다.

이렇게 안전관리가 국제 표준이 되었다는 의미는 안전관리가 품질, 환경과 같이 기업에서 일상화하지 않으면 국내외 경쟁력에서 뒤떨어질 수밖에 없다는 것을 방증하는 것이다. 2022년에 ILO가 개최하는 제110차 국제노동총회에서 "안전하고 건강한 근로환경"을 노동기본권으로 추가하여 선언했다.

〈그림 2-18〉 세계 일터 중대재해 발생 현황(ILO, 2007)

두 번째 세계적 이슈는 ESG[15]이다. ESG는 기업이 지속 가능한 발전을 위해서는 기업 활동과 더불어 친환경, 사회적 책임경영, 투명경영이 필요하다는 것이다. ESG는 2004년 UN에서 출간한 리포트 "Who Cares Wins"에서 처음 사용하였다. 이후 2008년 국제 금융위기 당시 자본주의의 위기감과 지구온난화로 더 이상 기업이 장기적으로 발전할 수 없다는 위기감에서 ESG의 필요성이 증가하였다. 2020년 기준 글로벌 ESG 투자액이 전체 투자액의 36%인 35조 3천억 원으로 2016년 대비 60% 성장하였다고 한다.[45] 앞으로는 ESG 경영을 하지 않는 기업은 투자자들로부터 외면을 받기 십상이다.

전 세계적으로 ESG가 열풍이다. ESG 경영의 주요 이슈는 크게 두 가지로 볼 수 있다. 지구온난화와 탄소중립 그리고 근로자 인권 보호와 안전에 관한 이슈이다.

---

15 ESG는 Environmental, Social, Governance의 머리를 딴 것으로 투자자와 자본시장에서 촉발되었다. 근로자에 대한 안전은 S(사회)에 포함하고 있다.

위에서 언급한 것과 같이 세계적인 기업, 지속 가능한 기업이 되기 위해서는 세계적인 추세에 맞게 경영시스템을 만들어 가야 한다. 최근 산업안전보건 영역의 중요성은 국내를 비롯해 국제적으로 크게 발전을 거듭하고 있다. 이러한 중심에 OSHMS가 있다. 세계적인 트렌드다.

중대재해처벌법 대응이다.

「중대재해 처벌 등에 관한 법률」일명 중대재해처벌법은 2021년 1월 26일에 제정하여 1년 뒤인 2022년 1월 27일부터 시행 중이다. 중대산업재해는 상시근로자가 5명 이상 사업 또는 사업장의 사업주, 경영 책임자 등이 법 적용 대상이 된다. 중대시민재해는 사업의 규모와 상관없이 적용 대상이 된다. 중대재해처벌법의 제정 배경과 취지 등은 제1부에서 이미 기술했다.

중대재해처벌법 제4조에는 사업주와 경영 책임자 등의 안전보건 확보 의무를 규정하고 있다. 안전보건 관리체계 구축과 이행 등 4가지 의무이다. 이 4가지 의무 중 안전보건 관리체계 구축과 이행은 같은 법 시행령 제4조에 다시 9가지로 정하고 있다. 법 제4조 제1항 제4호의 안전보건 관계 법령에 따른 관리상의 조치도 시행령 제5조에서 다시 4가지로 세부화하고 있다. 도급 · 용역 · 위탁하는 경우에도 제3자의 종사자에게 중대산업재해가 발생하지 않도록 법률 제4조를 준수하여야 한다.

〈표 2-7〉 중대재해처벌법 경영 책임자 등의 안전 · 보건 확보 의무

□ 사업주와 경영 책임자 등의 안전 및 보건 확보 의무 1. 안전보건 관리체계의 구축 및 이행 2. 재해 발생 시 재발 방지 대책의 수립 및 이행

3. 중앙행정기관·지방자치단체가 관계 법령에 따라 개선, 시정 등을 명한 사항의 이행
4. 안전·보건 관계 법령에 따른 필요한 관리상의 조치

□ 안전보건 관리체계의 구축 및 이행 조치
  1. 안전·보건 목표와 경영방침의 설정
  2. 안전·보건 업무를 총괄·관리하는 전담 조직 설치
  3. 유해·위험 요인 확인 및 개선 절차 마련, 점검 및 필요한 조치
  4. 재해예방에 필요한 인력, 시설 및 장비의 구비와 유해·위험 요인의 개선에 필요한 예산편성 및 집행
  5. 안전보건 관리책임자 등에 업무지원(권한·예산 부여, 평가·관리)
  6. 산업안전보건법 안전관리자 등 전문인력 배치
  7. 종사자 의견 청취 절차 마련, 개선 방안 마련·이행 여부 점검 조치
  8. 중대산업재해 발생 등에 대한 매뉴얼 마련 및 조치 점검
  9. 도급·용역·위탁 시 산업재해예방 능력 및 기술 평가 기준·절차 및 관리 비용, 업무수행기관 기준 마련·이행 여부 점검

□ 안전보건 관계 법령에 따른 관리상의 조치
  1. 안전·보건 관계 법령에 따른 이행 여부 점검
  2. 인력 배치 및 예산 추가 편성·집행 등 필요한 조치
  3. 유해·위험 작업에 대한 안전·보건 교육 실시 여부 점검
  4. 미실시 교육에 대한 이행의 지시, 예산 확보 등 교육 실시에 필요한 조치

위와 같이 중대재해처벌법의 안전보건 관리체계 구축과 이행 사항은 OSHMS의 PDCA(Plan-Do-Check-Act)와 동일한 맥락으로 OSHMS를 제대로 구축하여 운영하면 대부분을 포괄할 수 있다. ISO 45001 등 OSHMS의 구성요소가 대부분 중대재해처벌법 내용을 포함하고 있기 때문이다.

또한, 중대재해처벌법에서 정한 중대시민재해의 경영 책임자 등의 안전보건 확보 의무도 중대산업재해와 궤를 같이한다고 볼 수 있다. 다만, 중대시민재해는 현장 위험 요인의 점검·대응을 위한 활동과 그 지원에 방점을 두고 있는 것

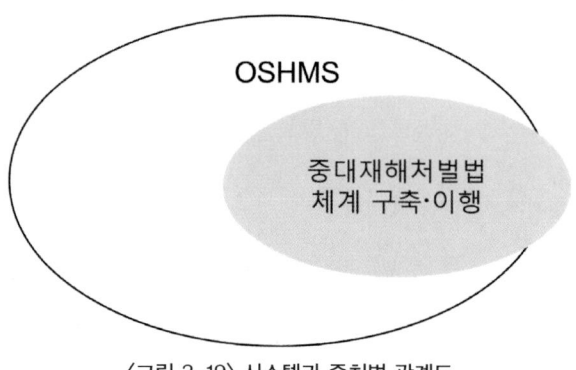

〈그림 2-19〉 시스템과 중처법 관계도

이 특징이다.

경영진이 기업의 안전관리를 법령상의 강력한 처벌 때문에 한다는 것이 무언가 어색하고 비윤리적인 것처럼 보이기도 한다. 그러나 경영진이나 경영진을 보좌하는 관점에서는 강력한 법 때문인 것도 당연한 사실이다. 법에 따른 처벌과 관계없이 안전관리를 기업이 자율적으로 하는 것이 최적이지만 기업문화와 현실이 그렇지 못하기 때문에 안전관리를 위한 강력한 법이 만들어진 것이다.

24년 1월에 상시근로자 50인 미만 사업주와 경영 책임자 등에 대해 중대재해처벌법 적용을 앞두고 유예를 요구하는 목소리가 있었다. 경영계를 중심으로 중대재해처벌법을 중소기업에 적용하는 것은 시기상조라는 의견이 높았다. 정부에서도 기업의 입장에 무게를 두었지만, 원안대로 시행되었다. 사실 법 시행을 유예한다고 해서 몇 년 안에 중소기업의 대외 환경이 좋아진다고 할 수 없다. 현재 정부에서 추진하는 것과 같이 중소 규모 사업장에 대해 안전보건 관리 체계를 구축하는 데 필요한 컨설팅과 비용 등을 지원하는 것이 좋은 방법이기도 하다.

제3장

OSHMS의 구성

□ OSHMS의 역사

안전은 우연히 생기는 것이 아니라,
노력으로 만들어지는 것이다.
– 마크 트웨인[Mark Twain] –

1931년 하인리히가 '산업재해방지론'을 발표했다. 이때부터 사고의 인과관계에 대한 본격적이고 체계적인 고민을 하기 시작했다. 안전관리의 시작을 알리는 신호탄이었다. 물론 이 이전에도 영국을 위주로 산업재해를 예방하기 위한 개별법들이 존재했다. 1833년 영국에서 공장법을 제정하였다. 당시 공장법에는 연소자의 야간 노동 금지와 12시간 노동과 9세 미만 아동의 고용 불법화, 아동에 대한 교육, 감독관제도 도입 등에 관해 규정하고 있다.[46]

이러한 개별법의 규정에도 불구하고 산업재해는 끊임없이 발생했다. 버드(Frank Bird)는 산업현장에서 발생하는 산업재해를 예방하기 위해 기업의 안전관리 수준을 체계적으로 측정·평가하기 위해 1978년에 ISRS(International

Safety Rating system)[16]를 만들었다. ISRS는 1978년 초판을 시작으로 현재 ISRS 9 까지 개발되어 운영되고 있다. ISRS 9는 리더십(leadership)부터 결과 및 검토 (result and review)까지 15개의 주요 프로세스로 구성되어 있고, 각 프로세스에 는 하위 프로세스와 질문이 포함되어 있다. 또한, ISRS는 ISO 45001(2018), ISO 14001(2015), ISO 9001(2015), ISO 55000(2014), ISO 50001(2019), OSHA 1910.119, Seveso III Directive 등 주요 국제 표준 인증에 대한 요구사항을 포 함하고 있다.[47]

OSHA의 VPP(Voluntary Protection Programs)는 1979년 캘리포니아 실험프로그 램을 시작으로 1982년에 OSHA에서 공식적으로 발표했다. 자발적 보호프로 그램은 탁월한 안전보건 관리를 갖춘 작업장을 OSHA에서 인정하는 제도이다. VPP는 경영진 리더십, 근로자 참여, 활성화된 위험성 평가, 교육을 강조하는 안전경영시스템을 채택한 최초의 프로그램 중 하나다.[48] 현재의 안전경영시스 템에서 그 주요 구성요소를 포함하고 있다.

1989년 OSHA의 S&H 지침은 4가지 요소를 입증하도록 제안하고 있다. 그 4가지 요소는 ① 경영진의 헌신과 직원 참여, ② 위험을 식별하기 위한 작업장 분석(자체 감사와 연계), ③ 식별된 위험을 해결하는 위험 예방 및 통제, ④ 안전보 건교육이다. 여기서 ②③은 현재의 위험성 평가 제도로 봐도 무방하다. 2015년 에는 4가지 요소 프레임워크를 7가지 핵심 요소로 확장했다.[17] 아마도 VPP의 업데이트된 내용이 이 지침으로 제정된 것으로 보인다.

---

16 세계적인 안전 컨설팅 기업인 DNV에서 평가 도구로 사용하고 있는 국제안전등급제로 International Safety Rating system으로 표기하였다. 현재는 국제지속가능등급제(International Sustainability Rating System)로 표기하고 있다.

17 7가지는 ①경영 리더십, ②근로자 참여, ③위험식별 및 평가, ④위험 예방 및 통제, ⑤교육훈련, ⑥평가 및 개선, ⑦이해관계자 의사소통이다.

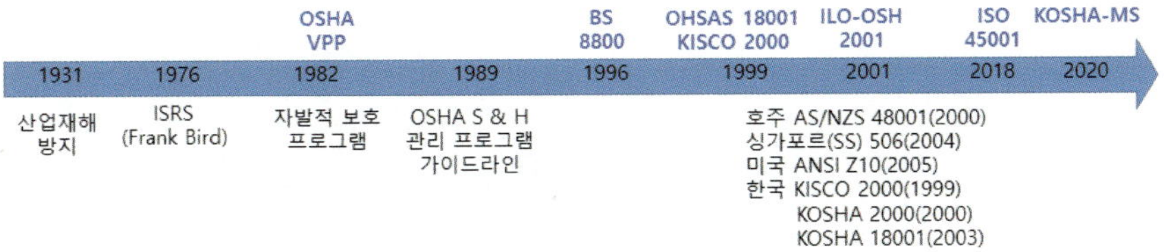

〈그림 2-20〉 국내 · 외 안전경영시스템 표준의 변천도

선진국은 다양한 방식으로 OSHM 시스템의 구축과 운영을 지원해 왔다. 덴마크의 정기 심사 면제,[49] 영국과 미국의 자율 경영시스템 장려[50]가 대표적이다. 화학산업 등 특정 산업의 경우에는 안전경영시스템(EU의 Seveso 이후 지침)을 갖추는 것들이 법적인 요구사항이 되기도 했다. 비즈니스 윤리와 가치 경영 등 기업의 사회적 책임에 관심이 높아져 OSHM 시스템의 확산을 자극하고 영향을 미치고 있다.[51]

BS 8800

BS 8800은 영국표준협회(BSI: British Standards Institution)에서 1991년 영국의 안전안전보건청(HSE)에서 개발한 HS(G) 65[18]와 위험성 평가에 대한 안전보건규정,[19] ISO 14001을 기반으로 하여 BS 8800을 개발하였다.

BS 8800은 사업장의 규모와 업종에 관계없이 모든 사업장에서 활용할 수 있도록 구성하였고, 조직의 상황과 필요성에 따라 적용할 수 있다. BS 8800 규격은 적용 범위, 참고 자료, 용어의 정의, 구성요소로 목차가 이루어져 있다. 이 시스템의 구성요소는 일반원칙에서부터 경영자 검토까지이며 구성요소와 흐

---

18 성공적인 안전보건 경영규정(Successful Health and Safety Management Practical Guide)

19 위험성 평가 안전보건규정(Management of Health & Safety at Work Regulation, 1992),

름도는 아래 그림과 같다.

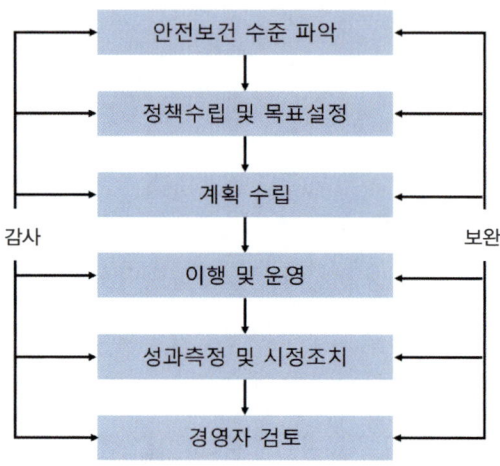

〈그림 2-21〉 BS 8800 구성요소 및 흐름도

위 구성요소에서 안전보건 경영 계획수립에는 위험성 평가, 법규와 기타 요건, 안전보건 경영 계획을 포함하고 있다. 안전보건 경영시스템 이행과 운영 하부 요소에는 운영체제, 교육훈련, 의사전달, 문서화와 문서관리, 운영, 비상조치 계획으로 구성하고 있다. 성과측정 및 시정조치 하부 요소는 성과측정 및 모니터링, 시정조치, 기록이 있다.

BS 8800의 부록은 참고 자료로서 OSHMS의 구체적인 방법과 세부 내용을 포함하고 있다. 목차는 조직화, 계획수립 및 이행, 위험성 평가, 성과측정, 감사로 구성하고 있다.

OHSAS 18001과 KOSHA 18001

국내에서는 1999년 2월 산업안전보건법 정부의 책무에 자율안전보건 경영시스템에 대한 명시가 이루어졌다. 노동부 장관이 사업장의 자율적인 안전보건 경영체제의 운영기법을 연구·보급하고, 안전보건 관리 수준을 평가하는 제도를 운영할 수 있도록 하였다. 이를 1999년 6월 한국산업안전공단(현, 한국산업안전보건공단, KOSHA)이 KISCO 2000 프로그램을 만들어 2000년부터 OSHM 시스템을 보급하기 시작했다.[52]

앞에서도 언급한 바와 같이 미국에서는 1983년부터 VPP를 영국에서는 1996년부터 BS 8800을 시행하고 있고, 노르웨이에서는 1997년부터 품질·환경·안전보건 통합경영시스템인 IMS(Integrated Management System)를 시행하고 있었다.

또한, 1999년에는 BSI, DNV, BVQI, LRQA, NSAI 등 세계 13개 컨설팅 기관이 참여하여 OHSAS(Occupational Health & Safety Assessment Series) 18001 제정하는 등 전 세계적으로 규격의 제정과 인증제 추진이 매우 활발하게 진행될 것으로 예상했다. 이에 발맞추기 위해 한국산업안전보건공단은 영국의 BS 8800 등을 국내 실정에 적합하도록 한국식화 하여 KISCO 2000이라는 프로그램을 만들었다.

KISCO 2000 프로그램은 업종 특성과 제도 도입 초기인 점을 고려하여 산업재해보상보험법상 건설업을 제외한 제조업 등 모든 업종을 대상으로 하였다. 안전보건 경영체제 구성요소는 BS 8800의 구성요소와 유사하게 구성하였으나, 큰 차이가 있는 한국산업안전보건공단이 산업재해예방 전문기관답게 인정평가 항목에 작업장의 안전보건 활동 수준을 확인하고 평가한다는 것이 가장 뚜렷한 차이다.

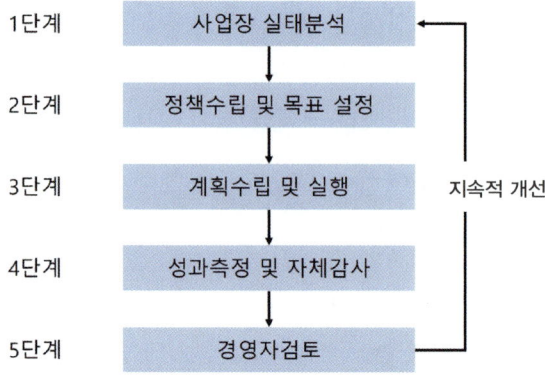

1단계	사업장 실태분석
2단계	정책수립 및 목표 설정
3단계	계획수립 및 실행
4단계	성과측정 및 자체감사
5단계	경영자검토

지속적 개선

〈그림 2-22〉 KISCO 2000 구성요소 및 흐름도

한편, ISO는 BS 8800 이후 OHSAS 18001을 기반으로 하는 국제 표준 ISO 18001을 제정하기 위해 몇 차례 시도가 있었으나 국제노동기구(ILO)의 반대로 국제 표준이 이루어지지 못했다. OHSAS 18001은 BSI가 간사 기관이 되어 앞에서 언급한 13개의 인증기관이 참여하여 BS 8800을 기반으로 1999년 초 제정 발표하였고, ISO 45001을 제정하기 전까지 많은 국가에서 인증을 실시해 왔다. 국내에서도 2001년부터 OHSAS 18001 저작권 계약을 통해 K-OSHAS 18001 인증을 취득하는 경우에도 OHSAS 18001과 동일하게 표기할 수 있도록 하였다.[53]

OHSAS 18001 규격의 적용은 제품 안전이나 서비스 안전이 아닌 사업장 내에서의 안전보건에 대해 한정하고 있고, 참조규격으로 실행 가이드인 OHSAS 18002를 두고 있다. OHSAS 18001의 구성요소는 일반요건, 목표, 점검 및 시정조치, 경영 검토로 이루어져 있다.

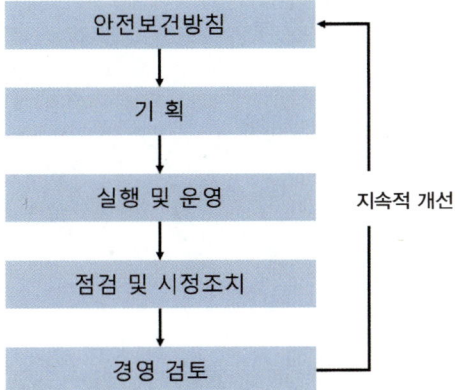

〈그림 2-23〉 OHSAS 18001의 구성요소 및 흐름도

□ 국내 OSHMS 운영 표준 비교

계획은 쓸모가 없지만, 계획을 세우는
과정은 반드시 필요하다.
– 아이젠하워Dwight David Eisenhower –

KS A ISO/IEC Guide 2에 따르면 표준이란 "합의에 의해 작성되고 공인된 기관에 의해 승인된 것으로서 주어진 범위 내에서 최적 수준의 성취를 목적으로 공통적이고 반복적인 사용을 위한 규칙, 지침 또는 특성을 제공하는 문서"라고 정의하고 있다. 단순하게 말하면 무엇을 하기 위해 합의한 업무 수행 방법을 문서화한 것이다. 표준이 없으면 같은 목표나 목적을 지향하면서 각각의 지식과 생각대로 일함으로써 효율성이 떨어지고 혼란과 사고를 일으킬 수 있다. 특히 안전과 관련해서는 더욱 그렇다.

이에 대한 사례가 있다. 1904년 미국 볼티모어시 허스티 빌딩 지하에서 화재가 발생했다. 폭발과 함께 인근 건물로 빠르게 번져간 불 때문에 인근 도시에까지 구조를 요청했다. 각 도시의 소방차들이 왔지만, 도시별 소방호스와 소화전 연결 부위의 규격이 달라 아무런 도움이 되지 않았다. 소방차가 많았지만, 쓸 수가 없었다. 이 사건은 1년 뒤 소방안전장비에 대한 국가 표준을 마련하는 직접적인 계기가 되었다.[54]

2018년 이전까지 안전과 보건에 관한 국제적으로 통일된 표준이 없었다. 나라마다 각기 다른 제도나 규격을 사용하였다. 국내도 마찬가지로 여러 가지 OSHM 시스템 중 기업의 희망에 따라 선택하여 채용하였다. 외국 컨설팅 기관에서 만든 규격을 사용하거나 국내 KOSHA의 프로그램을 활용한 시스템을 운영하였다.

2018년 이후 안전보건 경영시스템 국제 표준인 ISO 45001이 공표되면서 국내의 기업이 적용하는 표준은 2가지 정도로 정해져 버렸다. 하나가 ISO 45001이고, 다른 하나는 KOSHA-MS이다. 이 장에서는 위 2가지 표준의 변천 과정과 주요 구성요소 등을 설명하고 비교할 것이다.

ISO 45001

국제표준화기구(International Organization for Standardization)는 여러 나라 표준제정 단체들로 구성된 비정부 국제기구이다. 1947년 출범하였고, 나라마다 다른 산업, 통상 표준의 문제점을 해결하기 위해 국제적으로 통용되는 표준을 개발·보급하고 있다. 2023년 현재 169개 국가표준기관이 회원으로 가입하고 있다.[55] ISO의 대표적 표준은 모두가 아는 것처럼 품질경영(9000 시리즈)과 환경경영(14000 시리즈) 그리고 2018년 3월 12일에 공표한 ISO 45001이 있다.

ISO 45001은 안전보건 경영시스템으로 2013년부터 많은 논란과 제정논의 끝에 2018년에서야 종지부를 찍었다. 안전보건에 대한 문제는 품질이나 환경과는 달리 나라마다 기업마다 안전보건 수준의 차이, 규범의 차이 등으로 인해 표준의 제정까지 많은 의견과 논란이 있었다.

한국인정지원센터의 참고용 데이터에 따르면 ISO 45001 인증을 받은 사업장 수는 2023년 현재 10,427개소이다. ISO 9000과 ISO 14001 인증을 받은 사업장 수가 각각 25,237개소와 13,493개소로 ISO 45001 인증 사업장 수가 적기는 하지만 중대재해처벌법 시행과 더불어 급격하게 증가하고 있다고 한다.

<표 2-8> ISO 45001 표준제정 추진 경과[56]

일자	내용
2013. 6월	ISO 45001 PC 283 구성
2013. 8월	ISO-ILO MOU 체결
2013. 10월	ISO PC 283 1차 회의(런던)
2014. 3월	ISO PC 283 2차 회의(카사블랑카)
2014. 3월	ISO 45001 PC 283 Committee Draft 초안(CD1) 발표
2014. 6월	위원회초안(CD1) 검토 의견 수정 및 최종안 투표
2015. 1월	ISO 45001 PC 283 위원회 수정안(CD2) 발표
2015. 1월	ISO PC 283 3차 회의(트리니다드)
2015. 6월	ISO 45001 PC 283 위원회 수정안(CD2) 투표
2015. 9월	ISO PC 283 4차 회의(제네바)
2015. 11월	Draft International Standard(DIS) 초안 검토 의견 발표
2016. 1월	ISO 45001 DIS 최종안 발표
2016. 3~5월	ISO 45001 DIS 최종안 검토회의 및 투표(부결)
2016. 6월	ISO PC 283 5차 회의(토론토)
2017. 5~7월	ISO 45001 DIS 2 투표(가결)
2017. 9월	ISO PC 283 6차 회의(멜라카)
2017. 11월	전문가 회의(런던)
2017. 11월~2018. 1월	Final DIS 투표
2018. 3월	ISO 45001:2018 공표
2019. 1월	KS Q ISO 45001:2018 공표

ISO 45001은 기존의 OSHAS 18001을 근간으로 하고 있지만 OSHAS 18001이 안전보건과 기타 리스크관리에 중점을 두었다면 ISO 45001은 리스크관리뿐만 아니라 조직과 비즈니스 환경 간의 상호작용에 비중을 둔 것으로

보인다. 신규격에서 가장 크게 눈에 띄게 변한 것은 조직 상황을 이해하고, 거의 모든 프로세스에 근로자 참여를 강조한 것이 대표적이다. 나머지 구성요소도 일부를 신설하였거나 강화하였다.

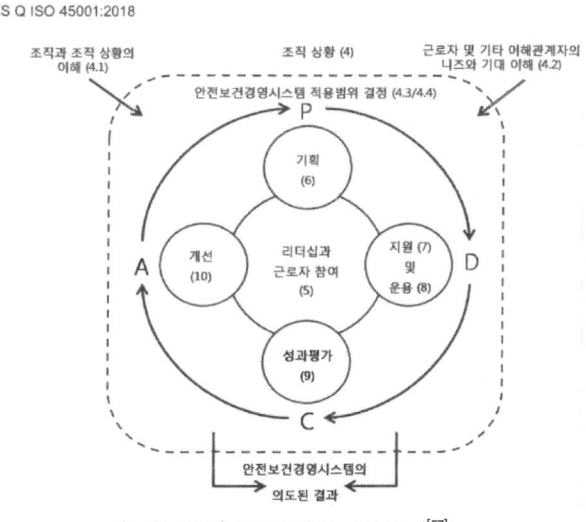

〈그림 2-24〉 PDCA와 Tool의 관계[57]

ISO 45001의 접근법은 다른 경영시스템과 마찬가지로 지속적 개선을 위한 반복적 프로세스인 PDCA의 개념에 기반을 두고 있다. 여기에서 P는 리스크와 기회의 결정과 평가, 안전보건 목표 설정, 조직의 안전보건 방침에 따라 결과를 전달하는 데 필요한 프로세스를 수립하는 것이다. D는 계획한 프로세스를 이행하는 것이다. C는 안전보건 방침과 프로세스를 감시하고 측정하고 그 결과를 보고하는 것이다. A는 의도한 결과를 달성하기 위해 안전보건 성과를 지속으로 개선하기 위한 조치를 시행하는 것이다.

이 표준에서는 안전보건 경영시스템의 성공을 위한 능력은 아래의 11가지 요소에 의존한다고 정하고 있다.

① 최고경영자의 리더십, 의지 표명, 책임 및 책무

② 최고경영자의 안전보건 경영시스템에 대한 의도된 결과를 지원하는 조직문화를 개발, 선도 및 증진

③ 의사소통

④ 근로자와 근로자 대표의 협의 및 참여

⑤ 안전보건 경영시스템을 유지하기 위한 자원의 할당

⑥ 조직의 전반적인 전략적 목표 및 방향에 적절한 안전보건 방침

⑦ 위험성 평가 및 안전보건 기회의 활용을 위한 효과적인 프로세스

⑧ 안전보건 성과 개선을 위한 시스템에 대한 지속적인 성과평가와 모니터링

⑨ 안전보건 경영시스템을 조직의 비즈니스 프로세스에 통합

⑩ 안전보건 목표의 적절성

⑪ 법적 요구사항 및 기타 요구사항 준수

안전보건 경영시스템 성공을 위한 11가지 실행 요소는 기업의 안전관리를 위한 필수 조건이다. 안전보건 경영시스템이 아니라도 안전한 작업장 관리를 위한 조건이기도 하다. ISO 45001에서 안전보건 경영시스템 도입은 조직이 안전하고 건강한 작업환경을 제공하고, 업무와 관련한 상해와 건강 장해를 방지하며, 지속적인 안전보건 성과향상을 목적으로 하고 있다. 이 표준에서는 OSHM 시스템의 성공 열쇠를 조직의 리더십, 의지 표명, 모든 구성원의 참여에 달려 있다고 정의하고 있다.

KOSHA-MS

앞에서 언급한 바와 같이 KOSHA-MS는 BS 8800과 OHSAS 18001, ISO 45001 그리고 ILO-OSH를 기반으로 국내 산업현장의 실정에 맞도록 재구성

한 것이다.[58] 대표적 특징은 인증 기준을 6가지로 운영하고 있다. 건설업을 제외한 전 업종의 경우 근로자의 규모에 따라 3가지 형태로 규격을 정하고 있다. 근로자가 많은 사업장이 근로자가 적은 사업장보다 강화된 인증 기준을 적용받는다. 건설업의 경우도 고유기능을 적용하여 발주자(기관), 종합 또는 전문건설업체 3가지로 구분하여 다르게 정하고 있는 것이 특징이다. 현재 KOSHA-MS의 인증 사업장 수는 2024년 기준 1,550개소이며, 이 중 건설업은 115개소, 전업종은 1,435개소이다.

〈표 2-9〉 KOSHA-MS 인증 기준[59]

구분	인증 기준 종류
전 업종	A형(상시근로자 50인 이상 사업장) B형(상시근로자 20~49인 사업장) C형(상시근로자 20인 미만 사업장)
건설업종	발주기관 종합건설업체 전문건설업체

인증 기준 체계도 건설업을 제외한 전 업종과 건설업으로 구분하여 아래 표와 같이 정하고 있다. 전 업종의 안전보건 경영체계는 ISO 45001의 구성요소와 거의 대동소이하다. 안전보건 활동에 대한 샘플링, 경영 관계자 면담도 인증을 획득하기 위한 심사 단계에 포함하고 있어 ISO 45001이 거의 유사한 방법으로 인증심사를 진행하고 있다. 다만, KOSHA-MS의 경우는 안전보건 활동 분야(현장 심사)에서 시스템 작동성과 위험 요인 관리 등 현장 실행력에 무게를 두는 것이 차이라고 할 수 있다. 건설업의 경우도 본사는 체계 중심, 현장은 실행 중심, 면담은 본사와 현장을 구분하여 실시하고 있다.

<표 2-10> KOSHA-MS 인증 기준 체계

구분		인증 기준 체계
전 업종		① 안전보건 경영 체계 ② 안전보건 활동 ③ 안전보건 경영 관계자 면담
건설업	발주기관 종합건설업체 전문건설업체	① 본사 ② 현장 ③ 안전보건 경영 관계자 면담(본사, 현장)

최근 몇 년 전 KOSHA-MS 인증 사업장과 건설 현장에서 사망사고가 발생하여 인증의 부실 여부에 대한 논란이 많았다.[20] 그 이유는 여러 가지가 있다. 다음 장에서 OSHMS의 성공법에 관해 설명하겠지만 여기서 간단히 언급하면 하나는 안전보건 경영시스템의 현장 실행력이 떨어진다는 것이고, 또 다른 이유는 인증기관이 안전보건 경영시스템 수준이 미흡한데도 인증을 수여한 사례가 있다는 것이다. 몇 년 전 필자가 KOSHA 18001 심사 담당자로 심사에 참여한 적이 여러 번 있었다. 인증을 받은 사업장의 시스템 현장 작동 수준이 넉넉하게 평가하더라도 사업장의 70% 정도는 미흡한 수준이었다.

그럼에도 사업장에서 OSHMS를 도입해야 하는가를 묻는다면 그렇다고 대답한다. 안전보건 경영시스템을 도입한 사업장이 도입하지 않은 사업장보다 사고율이 낮다는 것은 앞에서 언급한 바와 같이 전 세계의 여러 연구의 결과로 확인된 사실이다. 인증 사업장에서 사고가 발생하는 것들이 마치 OSHMS 인증 제도가 잘못된 것처럼 주장하는 것은 안전보건을 잘 모르고 하는 말이다. 사고가 발생한 사업장이 OSHMS를 도입하지 않았다면 더 큰 사고가 발생했을지도 모르는 일이다.

---

20 ISO 45001은 민간기관이 인증을 부여하기 때문에 ISO 45001 인증 사업장에서 사망사고가 발생하더라도 공공기관에서 부여하는 KOSHA-MS 인증보다 비교적 자유롭다.

ISO 45001과 KOSHA-MS의 비교

ISO 45001과 KOSHA-MS 두 시스템 간의 차이는 크지 않다. 시스템의 목적과 주요 구성요소가 대부분 동일하다.

〈표 2-11〉 ISO 45001과 KOSHA-MS 구성요소 비교

ISO 45001(2018)		KOSHA-MS(2019) 전 업종	
4	조직상황	4	조직상황
4.1	조직과 조직상황의 이해	4.1	조직과 조직상황의 이해
4.2	근로자 및 기타 이해관계자의 니즈와 기대이해	4.2	근로자 및 기타 이해관계자 요구사항
4.3	안전보건 경영시스템의 적용 범위 결정	4.3	안전보건 경영시스템의 적용 범위 결정
4.4	안전보건 경영시스템	4.4	안전보건 경영시스템
5	리더십과 근로자 참여	5	리더십과 근로자 참여
5.1	리더십과 의지 표명	5.1	리더십과 의지 표명
5.2	안전보건 방침	5.2	안전보건 방침
5.3	조직의 역할, 책임과 권한	5.3	조직의 역할, 책임과 권한
5.4	근로자의 협의 및 참여	5.4	근로자의 참여 및 협의
6	기획	6	계획
6.1	리스크와 기회를 다루기 위한 조치	6.1	위험성과 기회를 다루는 조치
6.1.1	일반사항	6.1.1	위험성 평가
6.1.2	위험 요인 파악 및 리스크와 기회의 평가		
6.1.2.1	위험 요인 파악		
6.1.2.2	안전보건 리스크와 기타 리스크의 평가		

ISO 45001(2018)		KOSHA-MS(2019) 전 업종	
6.1.3	법규 요구사항 및 기타 요구사항의 결정	6.1.2	법규 및 그 밖의 요구사항 검토
6.1.4	조치의 기회		
6.2	안전보건 목표와 목표 달성을 위한 기회	6.2	안전보건 목표
6.2.1.	안전보건 목표	6.3	안전보건 목표 추진계획
6.2.2	안전보건 목표 달성 기회		
7	자원	7	자원
7.1	자원	7.1	자원
7.2	역량/적격성	7.2	역량/적격성
7.3	인식	7.3	인식
7.4	의사소통	7.4	의사소통 및 정보제공
7.5	문서화된 정보	7.5	문서화
7.5.1	일반사항	7.6	문서관리
7.5.2	작성과 갱신	7.7	기록
7.5.3	문서화된 정보의 관리		
8	운영	8	실행
8.1	운영기획과 관리	8.1	운영기획과 관리
8.1.1	일반사항		
8.1.2	위험 요인 제거 및 안전보건리스크 감소		
8.1.3	변경관리		
8.1.4	조달		
8.2	비상시 대비 및 대응	8.2	비상시 대비 및 대응
9	성과평가	9	성과평가

ISO 45001(2018)		KOSHA-MS(2019) 전 업종	
9.1	모니터링 및 측정, 분석 및 성과평가	9.1	모니터링 및 측정, 분석 및 성과평가
9.1.1	일반사항		
9.1.2	준수평가		
9.2	내부 심사	9.2	내부 심사
9.2.1	일반사항		
9.2.2	내부 심사 프로그램		
10	개선	10	개선
10.1	일반사항	10.1	일반사항
10.2	사건, 부적합 및 시정조치	10.2	사건, 부적합 및 시정조치
10.3	지속적 개선	10.3	지속적 개선

위 두 안전보건 경영시스템 간의 차이는 심사의 주체, 적용 범위, 심사 내용 등에서 약간의 차이를 보인다. 가장 두드러지는 차이는 규격의 적용으로 ISO 45001은 업종을 나누고 있지 않으나 KOSHA-MS는 업종과 규모에 따라 규격을 달리하여 적용한다는 내용이 가장 큰 특징이라 할 수 있다.

〈표 2-12〉 국내 안전보건 경영시스템 인증제도 비교

구분	ISO 45001	KOSHA-MS
운영기관	ISO 표준화 기구 (한국인정지원센터(KAB))	한국산업안전보건공단(KOSHA)
적용 범위	전 산업	전 산업(규모별)과 건설업(종별)으로 구분
심사기관	ISO에 부합하는 인증기관	KOSHA 일선기관
심사원	ISO 기준	KOSHA 기준
심사 방식	서류심사, 현장 심사(샘플링)	서류심사, 현장 심사(샘플링)

구분	ISO 45001	KOSHA-MS
심사 내용	ISO 요구사항	KOSHA 요구사항(ISO와 유사) 안전보건 활동 분야와 안전보건관계자 면담을 별도로 구분하여 추가

또한, ISO 45001은 국제규격으로 국내에서는 제조업과 서비스업 등에서 인증을 획득하고 있으나, 아직 건설업에서는 많지 않은 실정이다. 그 이유는 제조업 등은 외국기업과의 비즈니스 관계에 따라 ISO 45001 인증이 필요하지만, 건설업은 대부분 국내 현장으로 굳이 국제 표준 인증의 필요성을 느끼지 못하기 때문이다. 외국의 건설공사 입찰이 필요한 건설사 위주로 ISO 45001 인증을 획득하고 있다.

반면 KOSHA-MS 인증의 경우는 국내 인증으로 건설사 PQ[21] 심사에 일부 인센티브를 부여하고 있고, 안전 경쟁력 확보를 위해 인증을 받고 있다. 전문건설업체의 경우는 발주사에서 요구에 따라 주로 인증을 받으며, 23년 말 기준으로 79개 사가 인증을 획득했다.

전술한 바와 같이 ISO 45001이나 KOSHA-MS 모두 시스템의 틀(framework) 차이는 별로 없다. 시스템의 목적과 주요 구성이 대부분 같다. 어느 시스템이 좋거나 나쁜 것이 아니다. 사고가 없는 안전한 작업장을 위해서는 시스템의 종류가 아니라 어떻게 현장에 맞게 충실하게 운영하느냐가 훨씬 더 중요한 요소이다.

---

21 입찰 참가 자격 사전심사(PQ: Pre-qualification)는 부실 공사를 방지하기 위한 수단으로 입찰 이전에 미리 공사 수행 능력 등을 심사하여 일정 수준 이상의 능력을 갖춘 업체에 입찰 참가 자격을 부여하는 제도임

제Ⅲ부 ————————————————————————————

어떻게, OSHMS를
해야 하는가?

제1장

OSHMS 만들기

□ **핵심 요소**

의사소통은 어떠한 논리도
필요 없는 순수한 '경험의 공유'일지도 모른다.
- 피터 드러커^{Peter Drucker} -

　많은 사람이 OSHMS 구축이 절차서, 매뉴얼, 지침 등을 만드는 일이라 주장한다. OSHMS 인증심사를 할 때도 주로 절차서 등의 문서가 사업장의 특성에 맞는지에 집중하는 경향이 많다. 그런데, 필자는 OSHM 시스템이 절차서나 매뉴얼, 지침 등의 문서화된 체계를 가진 것만으로 시스템을 구축했다고 생각하지 않는다. 문서의 체계들이 조직행동으로 이어지고, 장비나 설비를 안전하게 유지·관리하는 것을 포함하는 개념이 OSHMS 구축이라고 생각한다. 단순화하면 기업이 "가진 것"과 "하는 것"을 합친 것이다. 여기에는 기업 상황의 변동성을 포함하여야 한다.

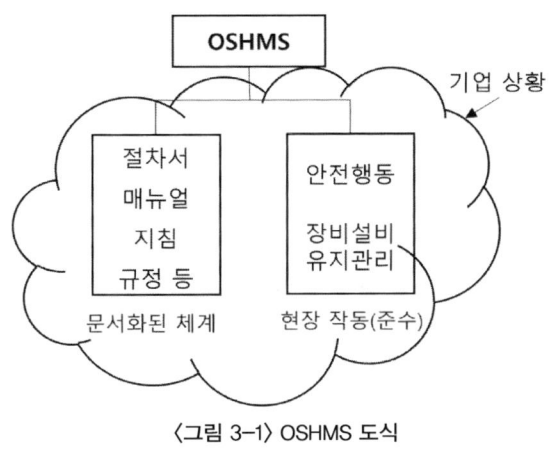

〈그림 3-1〉 OSHMS 도식

　OSHM 시스템 구성요소는 앞 장에서 ISO 45001과 KOSHA-MS를 설명하면서 이미 언급했다. 시스템의 구성요소에 관한 내용과 해설은 KS Q ISO 45001 : 2018과 시중에 나와 있는 OSHM 시스템 관련 서적을 참고 바란다.

　이 장에서는 시스템을 잘 구축하고 운영하는 방법과 운영 중인 OSHM 시스템을 평가하는 방법 그리고 산재사고를 예방하기 위해 또 다른 해법에 대해 생각해 볼 것이다. 기준에 대한 해설이 아닌 근본적인 물음인 '왜?'에 대한 생각과 OSHM 시스템 운영 성과를 내기 위한 가장 중요한 실질적 방안이 무엇인지에 대해 알아본다. 대표적으로 근로자 참여가 왜 필요한지와 동기부여 방안이 그 첫 번째이다. 경영자 등의 안전 리더십과 목표관리의 중요성과 잘하는 방식을 설명한다. 마지막으로 위험성 평가와 의사소통에 대해서도 논의한다.

근로자 참여를 높여라

　안전관리에 가장 중요한 것이 무엇이냐고 질문을 하면 전문가와 비전문가를 포함하여 거의 모든 사람이 경영진의 안전에 대한 투자와 관심인 리더십을 꼽는다. 그런데 이 장에서는 안전보건 경영시스템을 잘하기 위해서 리더십보다 근로자 참여를 먼저 언급한다. 그 이유는 리더십은 리더에 따라 다르기도 하지만 리더 대상의 안전 가치에 대한 설득은 비교적 쉽기 때문이다. 개인인 리더는 임기도 짧고, 주주가 바꿀 수도 있다. 그런데 근로자는 많은 사람이 관련되어 있어 참여가 하루아침에 되지 않는다. 장기간의 노력이 습관이나 관행으로 자리 잡아야만 가능하다.

시스템 규격에서 근로자 참여에 관한 내용은 ISO 45001과 KOSHA-MS의 "5.4 근로자 협의 및 참여" 항목에서 위험성 평가 등 7가지 요소에 근로자를 참여(참가)하도록 요구하고 있다.

OSHM 시스템의 효율적인 운영을 위해서는 근로자의 지식과 경험이 큰 자원이라는 사실을 인식하고 이를 활용해야 한다. 시스템 운영과 재해예방 활동에 근로자 참여가 필수다. 왜냐하면 사고는 작업을 수행하지 않는 경영진, 설계자 등 후선(blunt end)에 있는 사람에게서 발생하는 것이 아니기 때문이다. 작업현장의 최일선(sharp end)에 있는 작업자나 운영자가 위험에 노출되어 있고 재해를 입는다.[1] 그래서 근로자가 산재 예방 활동의 PDCA에 참여하는 것은 필수이고 필연적이다. 내가 작업하는 기계·설비의 안전 작업 매뉴얼을 만들고 안전조치를 하는데 내가 참여하는 것은 지극히 당연한 일이다.

산업안전보건법과 중대재해처벌법 등에서도 근로자와 근로자 대표로 하여금 산재 예방 체계나 제도 도입 과정과 활동 등에 참여토록 하고 있고 사업주에게도 협의토록 의무를 부여하고 있다. 그런데 주위 산업현장의 현실에서는 어떤가? 산업안전보건위원회 설치 유무를 떠나 실제 현장의 근로자가 안전 관련

---

1 Sidney Dekerr가 2019년도 출간한 "Foundations of Safety Science"에서 sharp end 실무자는 위험한 프로세스와 직접 상호작용한다고 주장하였다. 상호작용에는 목표 충돌, 자원 제한과 제약, 기타 상호작용 요구로 인해 발생하는 문제를 안전하게 관리해야 한다고 한다.

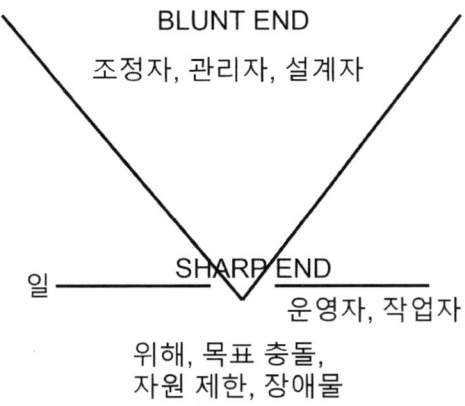

〈그림 3-2〉 Sharp End와 Blunt End 관계[1]

의사결정 과정과 활동에 참여하는 경우가 많은가? 현장의 산재 예방 활동의 대부분 안전 관계자 위주로 이루어지지는 않는가? 위험성 평가 등에서 근로자 참여를 유도하지만 잘 이루어지는가? 우리 사업장이 어떻게 하고 있는지 한번 되돌아볼 필요가 있다.

인간에 대한 동기부여 방법론은 경영학에 이미 많은 이론이 있다. 동기부여 이론에는 무엇이 동기를 만드는가에 대한 내용이론과 어떻게 동기가 형성되는가 하는 과정이론이 있다. 동기부여의 이론과 구체적 사례 등에 대해서는 국내외 연구자들의 연구보고서와 시중의 경영학 책자를 참고하길 바란다. 이 책에서는 안전 활동에 근로자의 참여를 높이고 작업장 안전 강화를 위한 동기부여 제도와 사례 등에 대해 언급하기로 한다.

맥아피[R.Bruce McAfee]와 윈[Ashley R.Winn]은 1989년에 작업장 안전 강화를 위한 인센티브와 피드백 사용에 대한 논문을 발표했다. 이 연구는 24개의 연구 문헌을 분석했다. 이 연구에 따르면 24개의 모든 연구에서 인센티브나 피드백이 근로자의 안전 활동을 높여 안전 조건을 개선하거나 사고를 줄이는 데 성공적이라는 것이다.[2] 국내 공기업 안전 문화의 영향에 관한 연구에서도 종사자들에 대한 '안전 인정 및 보상'[2]이 안전수준에 영향을 미치는 것으로 확인했다.[3]

사업장에서 근로자 참여를 유도하기 위한 직간접 제도와 방법은 아래와 같은 것들이 있다. 이 모두는 인센티브와 연계해야만 효과가 있다.

- 신고 · 제안 · 포상 제도
- 목표와 KPI 설정
- 팀워크

먼저, 신고 · 제안 · 포상 제도는 근로자의 참여를 높이기 위한 한 방법이다. 좋은 경영과 집중의 요체가 평가시스템과 보상시스템이라고 주장하는 사람[4]도 있다. 신고 · 제안 · 포상 제도들은 기업에 정착시키기 위해서 사규에 포함해야 하며 제도별 시기, 방법과 절차, 예산 등을 반영해야 한다. 제도의 참여 범위는 해당 기업의 임직원과 수급업체 임직원 등 이해관계자를 모두 포함하는 것이 바람직하다. 이러한 제도가 활성화되기 위해서는 다양한 방법으로 이해관계자가 인식할 수 있도록 하여야 한다. 그리고 무엇보다 중요한 것은 신고 · 제안 사항은 그 진행 상황을 주기적으로 모니터링하고 해당하는 이해관계자에게 알려주는 것이 중요하다.

둘째, 조직 구성원의 참여를 높이기 위해 목표를 부여하고 KPI[3]를 설정하여야 한다. 목표에 의한 관리(MBO)[4]는 미국의 경제학자 피터 드러커가 1954년 그의 저서 "경영의 실체(The Practice Management)"를 통해 주장하였다. MBO는 자신

---

2 안전 인정 및 보상 항목: ①아차 사고에 대한 보상, ②안전 절차 준수에 대한 인센티브 제공, ③목표 달성에 대한 보상, ④안전 행동에 긍정적 칭찬 또는 격려, ⑤안전 작업 수행 인사 평가에 반영

3 KPI(Key Performance Indicator)는 핵심성과지표로 성과측정의 일종이다.

4 MBO(Management By Objective)는 '자기 지배의 원리'라는 개념으로 1954년 오스트리아 출신 미국 경영학자 Peter Ferdinand Drucker)가 주장했다.

의 성과를 스스로 관리할 수 있도록 하는 것으로 강한 동기부여가 된다는 것이다. 이후 미국의 심리학자 로크 에드윈Edwin A.Locke 교수는 "인간은 목표를 부여하면 성과는 11% 오르고 생산성은 25% 오른다"라는 로크의 법칙을 만들었다.[5] 인간은 목표를 부여하면 그 목표를 달성하기 위해 스스로 노력을 한다는 것이다. 목표와 KPI 관련 자세한 내용은 뒤에서 별도 설명할 것이다.

셋째, 팀워크(Teamwork)이다. 팀워크를 번역하면 협력이다. 인간에게서 협력은 본능이라고 한다. 유명한 심리학자인 대니얼 골드먼Daniel Goldman은 "인간은 서로 관계를 형성하도록 유전적으로 프로그램되어 있다"라고 했다.[6] 어느 기업이든 명칭만 다를 뿐 팀이라는 조직이 있다. 팀워크는 팀원들이 느끼는 정서적 만족감의 향상이 포함될 수 있다.[7] 이러한 만족감이 안전 성과를 내기도 하고, 그렇지 못한 경우는 반대로 사고의 원인이 되기도 한다.

근로자 참여를 높이기 위한 방법을 기업의 시스템에 적용하고 있는지에 대한 실제 시스템 평가 사례가 있다. 국내 공공기관을 대상으로 하는 "공공기관 안전 활동 수준 평가"에서다. 이 평가에서는 앞서 언급한 동기부여 방법인 신고 · 제안 · 포상 제도, 목표와 KPI 설정에 대해 PDCA 관점으로 평가하고 있다.[8]

근로자 참여를 높이기 위한 KPI를 몇 가지 제안하면 아래와 같은 것들이 있다.

- 안전 절차 등의 개발에 참여한 근로자 수
- TBM에 참여한 근로자 수
- 사고(아차사고 포함)조사에 참여한 근로자 수
- 위험성 평가에 참여한 근로자 수 등

"비난은 안전의 적이다"[9]라는 말이 있다. 처벌 등 비난이 잠시나마 근로자를 참여하게 할 수 있겠지만, 계속된 참여를 위해서는 자율적이어야 한다. 자율 참여를 위한 인센티브 비용이 수반되지만, 결국 이러한 인센티브가 근로자 참여 문화를 만들고 기술 개발 또는 개선과 같은 품질 혁신도 이룬다.

안전 리더십이 먼저다

리더(leader)는 조직이나 단체에서 전체를 이끌어 가는 위치에 있는 사람을 말한다. 리더십(leadership)은 지도력이라고도 하고, 조직의 목적을 달성하기 위해 한 사람이 다른 사람들에게 지지와 도움을 얻는 사회상 영향 과정이라고 한다.[10]

리더가 갖추어야 할 덕목과 리더십을 제고하기 위한 관련된 이론적이고 실질적인 서적이나 연구 문헌들은 수도 없이 많다. 리더십이 조직과 구성원에 미치는 영향을 분석한 사례도 너무도 많다. 리더십을 배양하고자 하는 독자는 리더십에 관한 전문 서적과 자기 계발 서적을 읽어 보고 훈련하시길 바란다. 이 책에서는 기업에서 안전을 확보하기 위한 리더십에 관해 알아본다.

리더십 이론에는 특성이론, 스타일(행동) 이론, 상황이론과 1980년대 이후 현대적 리더십 이론에는 카리스마와 변혁적 리더십, 셀프 리더십 이론 등 다양한 이론이 있다.[11]

특성이론(Trait Theory)은 리더가 될 수 있는 고유한 개인적 자질 또는 특성이 존재한다는 가정하에 신체적, 심리적 특성을 찾아내고자 하는 리더십 연구이다. 공통으로 제시하는 5가지 특성은 다음과 같다.[12]

① 지능(Intelligence)
② 자신감(Self-confidence)
③ 결단력(Determination)
④ 성실성(Integrity)
⑤ 사회성(Sociability)

스타일 이론(Style Theory)은 리더의 특성보다는 스타일에 초점을 맞춘다. Lewin

등은 리더의 스타일을 ①권위주의형(지시형), ②민주형(참여형), ③자유방임형으로 구분했다.[13] Blake와 Mouton은 생산에 관한 관심(Concern for Production)과 인간에 관한 관심(Concern for People) 여부를 연구했다. 이 두 가지 스타일을 관리격자 모형(Managerial Grid)을 가지고 5가지 리더십 스타일을 제안했다.[14]

① 무관심형(improverished: 1,1 형)

② 사교형(Country Club: 1,9 형)

③ 중용형(Middle of the road or organization man: 5,5 형)

④ 권위-순종형(Taskor authority-obedience: 9,1 형)

⑤ 팀형(Team: 9,9 형)

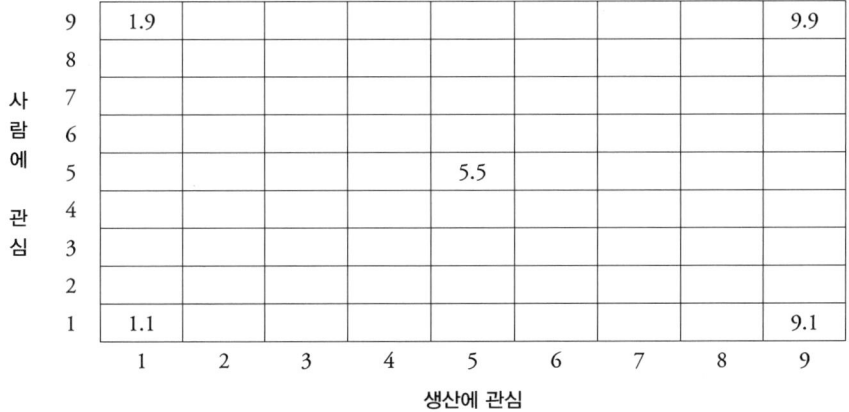

〈그림 3-3〉 리더십 스타일

상황이론(Situational Theory)은 리더십의 효과성은 리더의 특성이나 행위와 함께 상황적 조건에 따라 달라진다는 리더십 이론이다. 최초 상황이론으로 평가받는 것은 Fiedler(1967)의 이론이다. 이외에도 많은 상황이론이 존재하며 Hersey와 Blanchard의 상황이론이 많이 알려져 있다.[15]

① 지시형: 업무를 구체적으로 지시하고, 이행 상황에 관한 확인과 감독을 한다. 신입직원을 다루는 데 적합하다.

② 설득형: 리더가 내린 결정을 설명해 주고, 부하들이 그 결정을 습득할 수 있는 기회를 부여한다.

③ 참여형: 의사결정 과정에 참여시켜 동기를 유발시키고 아이디어와 정보를 공유한다.

④ 위임형: 통제 활동을 줄이고 업무 방향이 결정되면 권한과 책임을 부하에게 위임한다.

변혁적 이론(Transformational Theory)은 비교적 최근의 리더십 이론으로 조직을 재활성화시키고 혁신을 성공적으로 해내는 리더의 특성을 말한다.[16] 변혁적 리더는 의사소통과 모범을 통해 구성원에게 동기를 부여하고 영감을 주고 지적으로 자극하여 그들이 효율적이고 효과적으로 업무를 수행하도록 한다. 이러한 리더는 다음의 4가지 특성을 갖는다.[17]

① 카리스마(Charisma): 이상적인 영향력이다. 비전을 보여주고 사명감을 적절하게 제공함으로써 구성원들로부터 존경과 신뢰를 얻고, 그를 리더로 둔 것에 자부심을 품게 된다.

② 영감(inspiration): 리더는 높은 기대치를 설정하고 구성원에게 상징을 사용하여 노력을 집중시켜 중요한 목표를 단순하게 표현한다.

③ 지적 자극(Intellectual Stimulation): 리더는 지능, 합리성과 신중한 문제 해결을 자극한다.

④ 개별적 배려(Individualized Consideration): 리더는 개인적인 관심을 기울이고 직원을 개별적으로 교육훈련과 조언을 제공한다.

최근의 리더십은 변혁적 리더십 외에도 VDL(Vertical Dynamic Linkage) 이론에서 발전한 LMX 이론(Leader-Member Exchange Theory), 카리스마적 리더십

(Charismatic Leaders) 등이 있다.

산업현장인 사업장에서는 최고 경영층, 중간관리층, 현장 관리층 등으로 리더를 구분할 수 있다. 이 중에서 최고 경영층이 사업장의 안전에 가장 큰 영향을 미치는 것으로 알려져 있다.[18] 사업장 최고 경영층의 안전 리더십을 논할 때 빼놓을 수 없는 사람이 폴 오닐Paul O'Neill이다. 이미 알고 있는 독자들도 많을 것이다. 오닐은 미국 부시 대통령 때 재무장관을 지낸 사람이다. 오닐은 미국 예산처 부국장을 거쳐 제지회사(International Paper) 부사장과 사장, 알루미늄 회사(Alcoa) CEO와 회장을 역임했다. 2001년부터는 2002년까지 재무장관을 지냈고, 사임 후 2005년부터 2020년 사망하기 전까지 Value Capture에서 비집행 회장을 지내면서 의료 안전 개선 등에 공헌했다.[19]

오닐의 안전 리더십은 알루미늄 기업인 알코아(Alcoa)에서 열매를 맺기 시작했다. 1987년 6월 오닐이 외부 인사로는 처음으로 알코아 CEO로 부임했을 때 알코아는 업계에서 실적이 그냥 그런 대기업이었다. 부임 초기 근로자 안전과 무재해에 대해 회의적인 시선도 있었지만 13년의 재임 동안 거대한 알루미늄 기업의 근로 손실률을 1.86에서 0.2로 개선하였다. 순이익도 2억 달러에서 14억 8천만 달러로 증가했다.[20] 1987년 10월 오닐이 CEO로서 투자자와 분석가들에게 연설한 내용은 오닐의 안전에 대한 의지를 알 수 있다.

> 작업자 안전에 관해 이야기하고 싶습니다. 매년 수많은 알코아 직원이 심각한 부상을 입어 결근을 하고 있습니다. 우리 직원들이 1,500℃에 달하는 금속과 사람의 팔을 찢을 수 있는 기계를 다룬다는 점을 고려하면 우리의 안전 기록은 일반 미국 작업자보다 낮습니다. 하지만 충분하지 않습니다. 저는 Alcoa를 미국에서 가장 안전한 회사로 만들고 싶습니다. 부상 제로를 목표로 하고 있습니다.[21]

오닐은 알코아 퇴임 이후에도 의료계의 안전과 질(質) 향상을 위한 노력과 공헌을 많이 했다. 이런 오닐의 리더십을 안전 리더십 모델로 만들었다. 자세한 내용을 원하시면 Value Capture에서 발간한 Lasting Impact를 읽어 보시라. 피터 드러커에 따르면 모든 환경에 들어맞는 리더십 역량은 존재하지 않지만,[5] 관심과 훈련을 통해서 필요한 역량을 높일 수 있다.

오닐 외에도 외국에는 산업계에 훌륭한 안전 리더가 많다. 국내는 오닐과 같은 CEO가 알려지지 않는다. 국내는 대기업의 실질적 지배를 창업주 본인 또는 직계인 후손들이 대부분 한다. 전문 CEO는 임기가 있는 피고용인으로 매출과 이익에 집중해야 하고, 임기 동안 이익이 최우선이 된다. 스톡옵션에도 생산 성과와 관련된 내용이 대부분이다. 안전 활동 성과 내용은 거의 없다. 어느 CEO가 안전관리에 신경을 쓰겠는가? 짧은 임기 동안 안전을 후순위로 할 수밖에 없는 환경이다.

국내에서 리더십으로 인한 변화를 경험한 대기업이 있다. 충남에 위치한 H사이다. 이 사업장은 사고가 전통적으로 많이 발생하는 위험업종이다. 과거 거의 매년 사망사고가 1건 이상 발생했다. 그런데 최고경영자인 회장이 안전에 투자와 관심을 가지기 시작하면서 거의 사망사고가 나지 않는 사업장으로 변했다.[6] 과거 생산에만 집중한 것을 안전에도 관심을 가지고 투자도 하고 지원하면서부터다. 이런 것들이 바로 안전 리더십의 힘이다. 안전에 대한 최고 경영진의 관심은 다른 변수를 기준으로 안전한 기업과 불안전한 기업을 구별하는 가장 중요한 요소이기도 하다.[22]

안전 리더십은 안전 행위의 핵심 지표이자, 구성원이 안전하게 작업을 수행할 수 있도록 동기를 부여하는 필수적인 원천이다.[23] 안전 리더십 태도가 구성

5　경영학의 아버지 피터 드러커(Peter Drucker)의 말이다.

6　한동안 주춤했던 사망사고가 최근에 해당 공장과 해당 기업의 다른 공장에서 발생했다.

원 행동에 상당한 긍정적인 영향을 미치며, 사업장의 안전 개선에 참여하고자 하는 직원의 의지는 주로 리더의 역할이 결정한다.[24] 안전 리더십이 소속 구성원의 안전 행동을 개선시켜 궁극적으로 사업장 내 사고 발생을 감소시킨다.[25] 권력과 권한을 가진 사람의 위험 인식이 조직원 모두에게 영향을 미칠 위험한 조건을 만들 수 있기에 리더십이 무엇보다도 중요하다.[26]

국내 공공기관의 경영평가에서도 안전 리더십을 반영한다. 리더십 평가는 최고경영자 직접 면담과 문서, 현장 확인, 관계자 면담 등을 통해서 확인한다. 공공기관 안전 활동 평가에서는 아래와 같은 내용을 포함하여 최고경영자 안전 리더십을 평가한다.

① 최고경영자 안전 경영 철학
② 최고경영자의 안전 조직 역량 지원 정도
③ 수급업체 · 대국민 · 고객 등의 안전관리 역점 사항
④ 안전 경영을 위한 노사 등 소통 수준
⑤ 안전 경영방침 내용의 적정성과 공유 정도
⑥ 대내 · 외 안전 회의 참여 및 주재 정도
⑦ 경영자 현장 안전 점검 활동 수준 등

이 외에도 안전 투자(예산편성과 집행) 등 경영진의 리더십과 관련된 내용이 있으며 별도 항목으로 평가하고 있다. 이처럼 안전관리에서 최고경영자의 리더십이 매우 중요하다.

안전 리더십은 사람에 대한 존중을 기본으로 한다. 수많은 경영인이 인재(人才)의 중요성을 안다. 재주 있는 사람만이 아닌 내 소속 구성원과 협력업체 근로자도 중요하고 존중할 줄 알아야 한다. 또 리더는 일관된 솔선수범(모범)을 보여야 한다.[27] HSE에서는 고위 경영진의 헌신과 리더십을 효과적인 조직문화의 필수

요소로 꼽는다.[28] 안전 리더십은 안전의 중요성을 인식하고, 기업의 활동에서 안전을 우선시하는 가치를 바탕으로 여러 의사결정과 활동을 하는 것일 것이다. 최고경영자의 안전 리더십이 성과의 핵심 요소이다.[29] 이제는 국내 기업의 경영자 중에서도 폴 오닐과 같은 위대한 리더가 나타나기를 기대해 본다.

목표를 관리하라

기업과 조직이 성장하기 위해서는 성과를 내는 것이 필수다. 성과를 달성하기 위해서는 목표를 부여하는 것도 필수다. 앞에서도 언급했듯이 피터 드러커는 자기관리시스템의 관점에서 목표에 의한 관리(MBO)의 중요성을 주장했다. 로크 에드윈$^{Edwin A. Locke}$ 교수는 동기를 유발하는 "목표 설정 이론(Goal Setting Theory)"을 발표했다.[30]

① 목표의 설정이 주의해야 할 대상과 활동의 방향을 결정짓는다.
② 목표의 설정이 에너지를 발휘하게 하거나 노력을 동원하게 된다.
③ 목표의 설정이 시간상으로 오랫동안 노력을 계속 투입하게 된다.
④ 목표의 설정이 목표를 설정한 사람으로 하여금 목표 달성을 위하여 사용할 수 있는 적절한 인지 전략을 강구하도록 동기를 유발한다.

많은 기업과 조직이 경영에 있어 목표를 부여하고 관리하고 있다. 그 관리가 효과적인지 아닌지는 논외로 하더라도 표면상으로는 거의 모든 기업이 연말이나 연초가 되면 목표를 설정한다. 그런데 생산과 매출 등에 대한 목표 일변도다. 안전에 관심이 많은 일부 기업을 제외하면 안전에 대한 목표가 없다. 있어도 단순히 사고 제로(무재해)라는 목표가 대부분일 것이다. 목표보다는 선언과 다짐에 더 가깝다고 할 수 있다. 우리 회사 안전 목표가 무재해이니 모두 알아서 잘해라 하는 것과 같다.

목표는 목표로만 존재하면 안 된다. 관리 과정이 필요하다. 그 목표를 관리하기 위한 수단 중의 하나가 성과지표(Key Performance Indicator)이다. 성과를 측정하는 것은 설정된 목표를 달성해가는 과정이다.[31] 이러한 성과를 측정하는 것은 성과지표에 의해 목표 달성이 이루어지는 정도를 확인하는 활동이기도 하다.[32] 성과지표는 성과목표 달성도의 측정 방법 등을 알려주고 성과목표 달성 방법에 대해 명확하게 알 수 있도록 도와주는 역할을 한다.[33] 측정하는 것은 무엇을 개선하기 위한 수단이기도 하다.

1981년 조지 도란George T. Doran이 성과지표의 요건으로 SMART[34] 개념을 개략적으로 설명했고, 로버트 루벤Robert S. Ruben 교수가 확장했다. 미국 OSHA에서는 효과적인 선행지표의 특징으로 SMART 원칙을 기반으로 두고 있다.

〈표 3-1〉 SMART 내용[35]

조 건	내 용
Specific (구체성)	선행지표가 위해로부터 위험성을 최소화하거나 프로그램 영역을 개선하기 위해 취할 조치에 대한 구체적인 정보를 제공하는가?
Measurable (측정 가능성)	선행지표가 시간 경과에 따른 명확한 추세를 추적하고 평가할 수 있는 숫자, 비율 또는 백분율로 표시되는가?
Accountable (책임성)	선행지표가 목표와 관련된 항목을 추적하는가?
Reasonable (합리성)	선행지표에 대해 설정한 목표를 합리적으로 달성할 수 있는가?
Timely (적시성)	원하는 기간 내에 데이터에서 의미 있는 추세를 발견할 만큼 선행지표를 정기적으로 추적하고 있는가?

또 KPI는 선행평가 지표로서의 의미도 있다.[36] 안전에 있어 선행지표는 궁

극적으로 허용하지 않는 사고가 나지 않은 것을 목표나 목적으로 한다. 안전의 선행지표는 아래 3가지로 구분할 수 있다.[37]

① 운영 기반(Operations-based): 기계류, 작동 등 조직의 기반 시설 중심, 현장에 주안점을 두는 지표로 구성(법 준수, 위험성 평가, 예방과 개선 조치, 장비유지관리, 훈련, 변화 절차 관리 등)

② 시스템 기반(Systems-based): 안전보건시스템의 운영을 중심으로 부서, 지역별, 회사 차원에 주안점을 두는 지표(위험 인식 및 인지, 지식체계, 작업허가시스템, 안전소통, 안전 인식 조사, 위험분석, 안전보건시스템 요소 평가, 위험성 평가, 예방 및 개선 조치 등)

③ 행동 기반(Behavior-based): 개인별, 작업그룹별, 경영자와 관리감독자 사이 등 사람 상호 관계 중심으로 현장과 경영 모두에 주안점 두는 지표(리더십 연계, 근로자 연계 및 참여, 위험 행동과 안전 행동, 현장 순찰 및 순시, 작업장 밖에서의 안전)

산업재해를 예방하기 위해서는 후행지표(Lagging Indicator)보다는 선행지표로 관리하는 것이 바람직하다. 결과지표인 사고율, 강도율 등을 후행지표로 구성하는 경우 자칫 복불복으로 될 가능성이 높다. 아무리 노력해도 사고가 1건 발생하면 목표 달성을 이룰 수가 없다. 노력을 포기해 버리게 된다. 이러한 후행지표가 얼마나 많은 사람이 다쳤는지, 얼마나 심하게 다쳤는지를 알려주지만, 회사가 사고와 재해를 예방하는데 얼마나 잘하는지를 알려주지 않는다.[38]

안전 목표와 KPI는 아래와 같은 몇 가지 요소를 고려하여 사업장 특성에 맞는 것으로 설정해야 성과를 달성할 수 있다. 외국기업의 경우 회사 실정에 적합한 안전 KPI의 설정과 관리를 위해 전문가의 컨설팅(연구)을 받는 경우도 많다.

① 과거 몇 년간의 사고 현황과 그 특성
② 위험 기계 · 기구, 화학물질 현황과 위험성 평가 결과

③ 구성원과 이해관계자 안전 인식 등의 수준 정도

④ 안전 투자(예산, 인력 등) 계획

⑤ 조직의 안전 역량

⑥ 기업의 경영 상황 등

국제원자력기구는 1999년에 안전 성과지표 만들 때 13가지 특성을 반영하도록 제안했다.[39] 물론 원자력 산업을 기준으로 하였지만 다른 산업에서도 지표를 설정할 때 참고할 만하다.

① 지표와 안전 사이의 직접적인 관계가 있어야 한다.

② 필요한 데이터가 사용 또는 생성 가능해야 한다.

③ 정량적으로 표현이 가능해야 한다.

④ 명확해야 한다.

⑤ 중요성을 이해해야 한다.

⑥ 조작에 취약하지 않아야 한다.

⑦ 관리가 가능해야 한다.

⑧ 의미가 있어야 한다.

⑨ 운영 활동에 통합되어야 한다.

⑩ 검증이 가능해야 한다.

⑪ 오작동 원인과 연관될 수 있어야 한다.

⑫ 품질 관리와 검증 가능토록 각 수준의 데이터 정확성이 있어야 한다.

⑬ 지표를 기반으로 현장 조치 취할 수 있어야 한다.

KPI를 통한 목표관리에 있어 중요한 것은 지표가 목표가 되면 안 된다.[40] 그렇게 되면 그 지표는 더 이상 좋은 지표가 아니다. 또한, 지표는 시간이 지남에 따라 정기적으로 재평가가 이루어져야 한다. 그런데 안전 지표 자체가 목표가 되기도 하고, 수년간 변경이나 개선이 이루어지지 않는 경우도 있다. 대표적인 지표가 국내 기업의 안전 선행지표(성과지표)인 교육 관련이다. 단순히 교육 참석 실적과 횟수 등을 지표로 구성하고 있다. 이러한 지표에 집착하면 비윤리적 행동이 증가하고 결국에는 조직문화를 악화시킨다. 교육실적 달성을 위해 실제 교육에 참석하지 않은 사람의 서명을 허위로 하는 경우가 발생하기도 하고 당연하게 여긴다. 교육의 질과 교육으로 인한 지식의 정도가 더 중요한데도 측정하기 쉬운 교육실적만을 성과지표로 삼는 기업이 아직도 많다.

또 다른 예는 공공기관의 경우이다. 공공기관의 정부 경영평가 지표가 안전사고 실적을 포함하고 있다. 안전사고로 인한 사망사고가 발생하면 경영평가에서 좋지 못한 결과를 받을 확률이 높다. 그래서 사망사고가 발생하면 협력업체를 동원해 피해자 가족들과 합의하는 등 다른 수단으로 보상하고 해당 기업의 산재로 처리하지 않기도 한다.[7] 이러한 것들이 원래의 목적을 상실하고 왜곡시키는 대표적인 지표이다. 2005년 발생한 BP 텍사스 시티 사고에 대한 Baker 보고서에 따르면 BP는 공정 안전 성과를 모니터링하기 위해 주로 직업병과 부상률에 의존했고 그로 인해 공정 위험에 대한 인식이 크게 제한되었다고 한다.[41]

사회가 발전할수록 더 높은 수준의 안전성을 요구한다. 안전은 위험도 제로를 향해 계속해서 움직이는 목표이다. 이 목표도 경제적 침체기나 실업률이 높을 때는 예외적으로 방해를 받는 것이 사실이다. 정부나 규제기관들도 잘못을 알면서도 그냥 넘어간다. 최근 우리 사회를 돌아보면 언제 경기가 좋았는가? 실업률이 낮아졌는가? 앞으로 언제 경기 활황이 오고 실업률이 낮아질 것인가? 알 수 없고 불확실하다. 기업에서 경기가 좋아졌으니, 이제부터 위험도 제로를

---

7 사업장에서 산업재해로 인한 사망사고가 발생하면 산업안전보건법상 보고의 의무는 있으나, 반드시 산업재해보상법상 산업재해로의 신청 의무는 없다. 승인 없는 업무상 사고는 해당 기업의 산업재해로 잡히지 않는다. 다만, 고용노동부의 감독 등 행정조치는 별개의 사안이다.

향해 나아가자고 얼마만큼의 돈을 쓰겠는가? 사실 기업이 어려울수록 사고가 없어야 한다. 이때 큰 사고가 발생하면 회사가 망할 수 있다. 인도 보팔 사고가 대표적 예이다.

피터 드러커는 "수익을 조직의 목적이라고 생각하는 기업은 숨 쉬는 것을 삶의 목적이라고 생각하는 사람과 다를 바 없다"라고 했다. 기업의 상황에 따라 목적이나 목표의 조정은 필요하다. 하지만 우리 회사가 가치를 기반으로 세웠던 안전의 근본적인 목적이나 목표를 잊어버리는 일이 없도록 해야 한다. 지속 가능한 성장을 위해서는 안전이 필수다.

의사소통이 필수다

"우리가 살면서 어떤 문제에 부딪힌다면 그것은 모두 소통에서 비롯되는 것이다." 스위스 철학자 데이비드 보샤르트David Bosshart가 말했다. 소통의 중요성을 이야기한 말이다. 가족 간, 세대 간 등등 갈등의 원인도 소통의 부재로 발생한다. 안전관리에서도 무엇보다도 소통이 중요하다. 대형 재난의 발생 원인도 소통의 문제가 중요한 원인으로 밝혀진 경우가 많다. 살아가면서 소통이 중요하다는 것은 누구나 안다. 그런데도 잘되지 않는 것이 소통이기도 하다. 의사소통은 조직(기업, 팀 등)의 구조(수직, 수평), 위계 등 문화와도 밀접한 관계가 있다. 소통이 쉬운 일인 듯 인식되지만, 측정과 활성화가 쉽지 않은 것도 사실이다.

안전관리에서 의사소통은 정보를 이해시키고 이해하기 위한 행위이다. 의사소통의 유형에는 언어적(구두, 서면 등), 비언어적(몸짓, 자세, 표정, 음성 크기 등) 의사소통이 있다.[42] 많은 학자가 비언어적 의사소통이 포함되어야 의사를 가장 잘 전달하는 것이라고 주장한다. West(2004)는 대화 방식의 정보전달이 가장 우수하다고 했다.

① 대화(언어적+비언어적)가 가장 우수한 정보전달 방식이다.

② 전화, 화상회의가 보통의 정보전달 방식이다.

③ 서면이 가장 미흡한 정보전달 방식이다.

안전관리에서 소통 없는 침묵은 위험의 잠복기를 만들고 결국은 비극을 초래한다. 의사소통의 부재로 사고가 발생하고, 사고를 더 심각하게 만든 사례는 너무도 많다. 우주왕복선 컬럼비아호 폭발, Piper Alpha 유전폭발, 테네리페 공항 참사 등등이 대표적 사례다. 여기서는 테네리페 공항 참사에 대한 의사소통에 대한 문제를 소개한다.

테네리페는 스페인 카나리제도에서 가장 인구가 많은 아름다운 섬 중 하나이다. 1977년 3월 27일 보잉747 두 대가 테네리페 공항 활주로에서 충돌했다. 이 사고로 두 항공기 탑승객 583명이 사망하고 61명이 다쳤다. 두 항공기는 애당초 테네리페섬 인근에 있는 라스팔마스섬 공항으로 갈 예정이었으나 테러 위협으로 라스팔마스 공항을 폐쇄하면서 테네리페 공항에 착륙했다. 사고는 KLM 네덜란드 항공기가 이륙하면서 이륙을 위해 뒤따라오며 활주로를 벗어나지 않은 Pan Am 여객기와 충돌하여 KLM 탑승객은 모두 사망하고 Pan Am 탑승객은 326명이 사망하고 61명이 부상을 입었다.

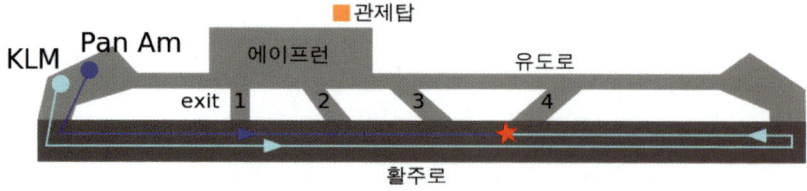

〈그림 3-4〉 사고 당시 테네리페 공항 활주로[43]

사고의 원인은 여러 가지가 있었으나, 의사소통의 문제가 하나의 원인으로 작용했다. KLM 기장은 제이콥 벨드우위전 반 잔덴Jacob Veldhuyzen van Zanten은 베테랑 기장으로 747기종 조종사들의 선임 교관으로서 광고에도 등장할 정도였다. 당일 조종석에는 클라스 뮤어스Klass Meurs 부기장과 윌엄 슈뢰더Willem Schreuder 항공기관사가 함께 있었다. 부기장과 항공기관사가 속도가 빠르다는 의견과 활주로에 Pan Am 여객기가 있을 수 있음을 기장에게 말했지만 기장은 듣지 않았다. 그래서 부기장이나 항공기관사가 관제사에게 Pan Am 여객기 위치를 물어보지 않고 침묵했다. Pan Am 여객기와 관제사 사이에도 의사소통이 원만하지 않았다. 그날 안개가 짙게 깔려 있었고, KLM 승무원 3명이 Pan Am 여객기가 활주로에 있는 것을 육안으로 발견했을 때는 이미 속도를 늦출 수가 없었다. 결국 KLM 여객기의 왼쪽 엔진과 기계 하부, 주요 착륙장치가 Pan Am 여객기의 오른쪽 상단부와 충돌해 산산조각났다. 소통 없는 침묵이 부른 참사였다. 이 내용들은 TV로도 상영된 바가 있다.

안전이 최우선인 위험한 업종에서는 무엇보다 서열을 뛰어넘어 허심탄회하게 소통할 수 있어야 한다. 하지만 항공사고, 화학사고, 핵발전소 사고, NASA 사고 등에서 보듯 비극적 결과를 미연에 방지하거나 피해를 줄일 수 있는 정보를 현장 직원이 가지고 있음에도 이 결정적 정보가 상부에 전달되지 못하거나 무시되거나 묵살되는 일이 비일비재했다.[44]

국내 산업현장에서도 조직 구성원, 원청과 협력업체 간 소통 문제로 정보가 제대로 전달되지 않아 사고가 발생한 경우가 있다. 10여 년 전 여수에서 발생한 폭발 사고도 하청업체와 원청 간 소통의 부재가 한 원인으로 작용했다. 산업현장에서는 위험작업을 계획하거나 시작 단계에서 이해관계자에게 정보를 제공하거나 공유하는 것이 반드시 필요하다.

일반적으로 이루어지는 각종 교육이나 회의를 제외하고 소통을 위해 꼭 필요한 것은 세 가지 정도일 것이다.

① 교대근무 시 인수인계
② TBM
③ 작업 종료 회의

먼저 교대근무가 이루어질 때 공식적인 인수인계가 필요하다. 특히 공장 유지보수 작업 중일 때는 더욱 그렇다. 론니 라드너[Ronny Lardner]는 철저한 인수인계가 필요한 사례를 다음과 같은 경우를 포함했다.[45]

① 공장 유지보수 중일 때(교대근무 중에 작업이 지속될 경우는 반드시)
② 방호 장치가 정지 상태인 경우
③ 통상적인 작업 상황이 아닌 경우
④ 장기간 업무에서 이탈하여 복귀하는 경우
⑤ 숙련자와 비숙련자 사이 인수인계인 경우

의사소통은 인간이 살아가면서 필수적인 요소다. 의사소통은 위험성 인식과 직접적인 관련이 있다. 의사소통의 정도에 따라 대형 사고를 막을 수 있지만 일으킬 수도 있다. 의사소통을 잘할 수 있는 다양한 방법과 방식을 모색해야 한다. 기업에서는 이해관계자의 원활한 의사소통을 위해 개인과 집단으로 구분하여 집중할 필요가 있다. 개인 의사소통은 직무(변경)교육, 상급자의 코칭 역량 배양, 개인 접촉제도 장려 등을 통해 활성화할 수 있다. 집단 의사소통은 위험관리 회의, 토론, 집단교육 등을 활성화하여야 한다. 이러한 개인과 집단 의사소통은 협력사 등 이해관계자 모두가 참여할 수 있도록 하여야 한다. 앞에서 TBM 활동의 중요성을 언급한 이유도 의사소통 때문이기도 하다.

모든 산업현장의 사고를 안전 기술로만 막기란 쉽지 않다. 주변의 환경이 사고 발생에 상당한 영향을 미친다. 그런데 앞의 항공기 사고에서와 같이 기상악화 등 다른 주변 환경요인이 좋지 않더라도 의사소통만 제대로 이루어졌더라면 사고가 발생하지 않았을 수도 있었다. 직위가 낮은 사람의 의견이 받아들여졌어야 했다. 의사소통은 공식적이고 엄격한 계층 구조로 인해 정보가 계층을 통해 전달되면 관리자의 이해관계와 정보를 해석하는 방식에 따라 정보가 왜곡될 수 있다. 안전에 대한 우려는 명령 체계를 통과하면서 완전히 침묵할 수도 있다.

"직장에서 자신의 의견이 중요하게 받아들여진다."라는 비율이 30%에서 60%로 늘어나면 이직률은 27%, 안전사고는 40% 줄고, 생산성은 12% 늘어난다고 한다.[46] 구성원의 의견을 받아들이지 않더라도 충분히 듣고, 설명하고 이해시키면 비슷한 효과를 가져올 것이다.

위험성 평가(Risk Assessment)가 첫 걸음이다

산업안전에 있어 위험성(Risk)은 일반적으로 '재해의 발생 가능성과 사고 결과의 조합'을 말한다. ISO/IEC[8] Guide 51[9]에서는 '위해(harm, 인체 상해 또는 건강 손상이나 재산 또는 환경 피해)의 발생 확률과 해당 위해 심각성의 조합'이라 한다. '사업장 위험성 평가에 관한 지침'[10]에는 '유해·위험 요인이 사망, 부상 또는 질병으로 이어질 가능성과 중대성 등을 고려한 위험 정도를 말한다'라고 하고 있다. 안전 분야가 아닌 금융이나 다른 산업에서는 손해가 발생할 수 있는 불확

---

8   IEC는 1906년에 설립되었다. 전기 및 전자분야에서 표준에 대한 준수 확인 등과 같은 표준화에 대한 제반 현안 및 관련 사항에 대한 국제간 협력을 촉진하여 국제간의 이해를 증진하기 위한 목적의 비정부 간 기구이다.

9   2014년에 나온 Safety aspects-Guidelines for their inclusion in standards이다.

10   고용노동부 고시 제2023-19호(2023.5.22.)를 말한다.

실성을 말하기도 한다.

시스템의 위험에 대한 평가는 제2차 세계대전이 끝나면서 대두되었다. 항공우주, 미사일 개발, 석유화학산업 등의 특정산업과 공정에서 시스템의 신뢰성을 확보하기 위한 노력이 이어졌다. 1960년대부터 1980년대까지 FTA, FMEA, HAZOP 등의 위험성 평가 도구가 만들어졌고 현재까지도 화학공장 등에서 공정 설비의 설계·운영의 위험성 평가에 사용하고 있다. 이들은 모두 기계나 공정 등의 위험을 체계적으로 추적, 식별, 통제하기 위해 고안되었다.

모든 산업에 대한 위험성 평가는 80년대 유럽에서 추진하기 시작했다. 영국과 독일 등은 90년대 도입했고, 아시아에서는 일본과 싱가포르가 2006에 관련법 개정 등을 통해 시작했다. 국내는 2009년 산업안전보건법 제5조에 유해·위험 요인 파악과 평가, 개선 등에 대한 사업주 의무를 포괄적으로 규정하면서 본격적인 논의를 시작했다. 이후 2010년부터 2012년까지 3년간 시범사업을 통해 구체적 기준[11]을 마련하였다. 그리고 2013년 6월 12일 산업안전보건법에 별도의 조항으로 위험성 평가를 의무화하였다.

〈표 3-2〉 위험성 평가 도입 배경

구 분	주요 내용
EU-OSHA (유 럽)	• '89년 산업안전보건 관리 기본지침(The Framework Directive 89/331/EEC)을 제정 - EU 회원국은 자국의 사정에 맞게 국내법을 제정하고 위험성 평가 정책을 추진
영 국	• '92년 EU 기본지침에 따라 The Management of Health and Safety at Work Regulation을 제정, 본격 도입

---

11 2012년 9월 26일 고용노동부 고시로 제정한 "사업장 위험성 평가에 관한 지침"을 말한다.

구 분	주요 내용
독 일	• '96년 EU 기본지침에 부합되도록 「사업장근로자 안전보건보호법(ArbSchG)」을 제정 　- 지도·감독의 중심을 사업장 내부의 위험성 평가 실시 여부로 변경
미 국	• 위험성 평가에 대한 의무 규정은 없는 반면, 　- 위험성 평가를 기반으로 하는 자율안전보건 관리체계를 구축토록 감독 규제
호 주	• '00년 산업안전보건법에 도입하고, '01년 시행령에 사업주 의무를 부과 　- 위험성 평가 및 개선토록 하고 5년마다 한 번 이상 재평가 의무화
일 본	• '06년에 노동안전위생법을 개정하여 위험성 평가 노력 의무를 규정 　- 세부 내용은 위험성 평가 등에 관한 지침을 정하여 운영
한 국	• '13년 산업안전보건법에 별도 조항으로 사업주 의무로 규정 　- 세부내용은 위험성평가 등에 관한 지침으로 정하여 운영

　위험성 평가의 방법이나 절차는 위험성 평가를 도입한 지 10여 년이 지나 이미 많은 자료와 서적이 나와 있다. 위험성 평가의 전문적인 내용은 정부의 자료나 시중에 있는 서적에서 그 내용을 확인 바란다. 이 장에서는 현장 위험성 평가의 어려운 점과 어떻게 하면 잘할 수 있을까? 하는 관점에서 생각해 본다.

　위험성 평가는 이 시대 산업에서 필수적인 안전 확보 수단으로 자리매김하고 있다. 중대재해처벌법의 안전보건 관리체계에서도 중요하게 다룬다. 체계에서 사업장 특성에 따른 '위험 요인 확인 및 개선'이 바로 위험성 평가다. 또 정부가 발표한 '중대재해 감축 로드맵'의 자기 규율 예방 체계의 핵심이 위험성 평가다. 이런데도 여러 가지 이유로 현장에서 위험성 평가가 사고 예방이라는 본연의 역할을 하지 못하고 있는 것도 사실이다. 그 이유는 대략 몇 가지로 요약할 수 있다.

　첫째, 위험성 평가 전문 역량이 부족하다. 위험성 평가를 할 때는 사전에 해당 작업이나 작업환경, 법, 사내 규정, 지침 등에 대한 많은 정보를 수집하여야 한다. 그리고 장비·설비에 대한 위험이 무엇인지도 알아야 한다. 예를 들면 지게차 운반작업에 대한 위험성 평가를 할 때 지게차 운행 관련한 위험을 알고 있어야 한다. 지게차 전·후진 중 부딪칠 위험, 넘어질 때 깔릴 위험, 적재물 낙하에 의한 위험, 정비 중 각종 위험, 연료에 따른 위험 등등 많은 위험이 있다. 또 작업 운행로(통로) 등 작업장의 여건에 따른 위험도 있다. 적재물이 무엇인지에 따라 위험이 달라지기도 한다. 이런 많은 위험을 예측할 수 있는 역량이 있어야 한다. 위험을 예측할 수 있어야 예방이 쉽기 때문이다. 예측 역량을 높이기 위해서는 사전 교육과 근로자 참여 외 위험성 평가 전·후에 전문가의 도움을 받을 필요가 있다.

둘째, 위험성을 낮게 평가한다. 위험성 평가는 확률적으로 객관적인 것 같으나 실제 추론은 주관적으로 이루어진다. 지금까지 사고가 발생하지 않았고 그동안 아무런 문제가 없었다고 생각하면 위험도가 낮을 수밖에 없다. 사고가 발생한 후 위험성 평가 결과를 확인해 보면 위험성을 평가하지 않았거나, 아주 낮게 평가한 경우가 대부분이다. 해당 작업에 참여하는 근로자는 대부분 자기의 작업 위험성을 낮게 평가한다. 자기 작업은 통제 가능하다고 여긴다. 원래 통제 가능성이 높으면 위험성을 덜 인식하기도 한다.[47] 숙련도가 위험을 감소시킨다고 믿기 때문일 수도 있다.[48] 익숙함이 감수성을 둔하게 만든다. 이런 우려를 방지하기 위해서는 위험성 평가에 관리자, 근로자, 안전 관계자 등 많은 사람이 참여하여 토의하면서 위험도를 결정하는 것이 올바른 방법이다.

셋째, 개선한 결과가 위험성을 증가시키기도 한다. 위험성 평가에서 중요한 것은 ALARP(As Low As Reasonably Practicable)이다. 위험성을 "합리적으로 실행할 수 있을 정도로 낮춘다"라는 말이다. 이는 위험을 더 줄이기 위해 합리적으로 채택할 수 있는 다른 실용적인 선택이 없음을 의미하기도 한다.[49] 위험성 평가 결과 ALARP에 따른 개선을 완료한 상태가 또 다른 위험성을 내포하거나 오히려 증가시키기도 한다. 항상성(恒常性)[12]이 문제가 되기도 한다. 일례로 사고의 위험이 있는 구불구불한 2차선 도로를 4차선 직선도로로 개량한 후 운전자는 속도를 더 내는 심리가 작용하여 과속으로 인한 사고의 위험은 오히려 증가했다. 이때는 또 다른 안전조치가 필요하다. 과속 방지를 위한 턱이나 감시 카메라 설치, 제한속도 지정 등 추가 조치가 필요하게 된다.

넷째, 정기 위험성 평가를 하지 않는다. 특히 중소 규모 사업장의 경우가 그렇다. 작업 속도가 바뀌기도 하고, 설비의 추가 또는 변경 등 작업환경이나 조건이 바뀐다. 매년 위험성 평가 결과가 달라야 한다. 설사 작업환경이나 조건이 변경되지 않더라도 달라야 한다. 예를 들면 위험성 평가 결과 지게차 후진 충돌 위험에 대한 조치로 지게차 후방 감지장치를 설치하여 위험도를 낮게 개선했다면 다음 연도에는 지게차 후진 위험성을 전년도 개선한 결과의 위험도로 평가해야 하는데 전년도 개선 전의 위험도와 같게 평가하거나, 아예 위험성을 평가하지 않는 경우 등이 해당한다. 산업안전 선진국인 독일 DGUV(2020) 발표에 의하면 독일 전체 기업의 약 절반, 소기업의 1/4 미만이 위험성 평가를 수행한다고 한다. 국내도 위험성 평가 수행 실태를 분석해 볼 필요가 있다.

최근 산업현장의 사망사고에 대한 중대재해처벌법을 적용한 판결에서 가장 많이 언급된 내용이 위험성 평가다. 위험성 평가를 잘하기 위해서는 기본적인 원칙이 몇 가지 있다. 이 원칙에 따라 위험성 평가를 하면 재해를 예방할 수 있을 것이다.

---

12 1982년 캐나다 출신의 제럴드 와일드(Gerald Wilde)가 리스크에도 항상성이 있다는 주장을 펼쳤다.

〈표 3-3〉 위험성 평가 일반원칙

1. 위험성 평가의 근본 목적은 위험성(Risk)을 제거하는 데 있다.
2. 위험성 감소 대책은 위험성의 크기가 높은 유해 · 위험 요인부터 근원적으로 없애는 대책을 가장 우선 적용해야 한다.
3. 남아 있는 위험성에 대해 근로자에게 교육, 게시, 주지 등의 방법으로 알려야 한다.
4. 법규 위반, 긴급한 위험이나 급성독성, 화학물질, 방사선 등은 우선적인 개선이 이루어져야 한다.
5. 위험 요인과 유해 요인을 모두 포함하여 작업별 · 공정별로 위험성 평가가 이루어져야 한다.
6. 노 · 사가 협력하여 위험성 평가에 참여해야 한다.
7. 건설업과 정비 · 보수 등의 작업에 대해서는 위험성 평가를 사전에 실시해야 한다.

 기업에 있어 성공의 열쇠는 효과적인 위험관리에 있다고 한다. 효과적인 위험관리는 먼저 위험을 평가하지 않고는 불가능하다.[50] 기업의 성공은 사고가 나지 않도록 위험성을 평가하여 효과적으로 위험을 관리해야 가능하다는 의미이다. 위험관리를 잘하기 위해서는 인력과 예산 등 자원을 투입해야 한다. 가능한 많은 종사자가 참여토록 하고, 정보도 공유해야 한다. 위험관리를 시스템적으로 잘하면 특정 위험을 예측하지 못했더라도 시스템에 의해 시간이 흐르면서 자연스럽게 위험이 예측되기도 한다. 재해도 시스템에 의해서 당연히 예방할 수 있다.

□ OSHMS의 올바른 운영법

세상이 변한다. 시스템도 변해야 한다.
- 낸시 리브슨[Nancy Leveson] -

국내에는 일정 규모 이상의 사업장에서 ISO 45001, KOSHA-MS 등 안전보건 경영시스템을 구축하여 운영하고 있다. 외국의 경우는 대체로 유럽 선진국 중심으로 OSHM 시스템을 많이 운영한다. 특히 세계적인 다국적 기업의 경우가 그렇다. 이처럼 작업장 안전관리를 위해 OSHM 시스템 구축이 중요하다. 앞에서 시스템을 구축함에 있어서 중요한 요소들을 이미 설명했다. 리더십, 근로자 참여, 의사소통, 목표관리 등이다. 이 외에도 시스템에서 요구하는 문서화나 기록 등도 시스템에서 중요하게 요구하는 사항들이다.

OSHM 시스템에서는 PDCA가 필수다. 기업을 운영하면서 또는 행정업무를 수행하면서 사용하는 반복적인 프로세스이다. 최초 계획을 수립하였다고 하여 반드시 실행을 완성해야 하는 것은 아니다. 기업 여건과 작업 상황이 바뀌면 모니터링과 평가하여 경영자가 계획을 조정하거나 변경할 수도 있어야 한다. 다이나믹한 현대에서 유연성이 필수이기도 하다.

인간이 살아가면서 원하지 않는 문제가 발생하기도 한다. 문제는 빨리 대응할수록 해결이 쉽고 비용도 적게 든다는 것을 모르는 사람이 없다. 사업장에서의 리스크도 빨리 해결하는 것이 호미로 막을 수 있는 길이다. 가래로 막기 전에 조치해야 한다. 예방이 치료보다 낫다. 아는 사실인데도 실천으로 옮기는 경우가 흔치 않다. 소를 잃고 나서야 외양간을 고친다. 비용은 소를 잃기 전에 외양간을 고치는 것이 더 적게 든다는 것을 알면서도 잘 안된다. 회색 코뿔소가 되면 안 된다.[51] 관행과 습성을 바꿔야 한다.

이 장에서는 사고 예방 효과를 극대화하기 위한 OSHM 시스템의 올바른 운영 방안 몇 가지를 논의한다.

현장 작동에 방점

"구설이 서 말이라도 꿰어야 보배다"라는 속담이 있다. 아무리 좋은 것이라도 쓸모 있게 만들어야 가치가 있다는 뜻이다. OSHMS가 안전관리에 최적이라 하더라도 운영을 잘 못하면 안 하는 것만 못하다. 어떻게 운영하면 안전관리 수준을 높이고 사고 없이 기업을 경영할 것인가?

요즘 국가, 기업 등의 리더들은 현장에 답이 있다고 주장한다. 우스갯소리로 우문현답13이다. 안전관리도 마찬가지다. 사고는 최일선 현장의 작업자에게서 발생한다. 중대 사고는 거의 그렇다. 그러면 안전관리도 현장을 중심으로 이루어져야 한다. 좋은 OSHMS를 도입했더라도 작업 현장에서 작동되지 않으면 시스템을 도입하지 않은 것과 다를 게 없다. 도입하지 않은 때보다 안전관리가 더 나빠질 수도 있다. 안전관리의 목표가 OSHMS 도입으로 끝났다고 하는 시그널을 줄 수 있기 때문이다.

현장에 방점을 두지 않는 문서화된 시스템에 대한 과도한 강조는 한계에 부딪힌 사례가 있다. 1998년 12월 25일, 호주 Longford에 있는 Esso 가스 플랜트에서 폭발 사고로 2명의 근로자가 사망하고 8명이 부상을 입었다. 다른 두 개의 가스 플랜트와 긴밀한 상호연결된 설비 손상으로 인해 멜버른으로의 가스 공급이 2주 동안 중단되었다. 천문학적 물적 손해를 입었다. 이 사고조사를 위

---

13 우문현답(愚問賢答)은 원래 어리석은 질문에도 현명하게 답한다는 뜻이다. 최근에 현장을 강조하면서 "우리의 문제는 현장에 답이 있다"라는 "우문現答"으로 바꿔 사용하기도 한다.

해 롱포드왕립위원회가 만들어져 정밀 사고조사를 했다. 롱포드왕립위원회의 1999년 보고서에 따르면 Esso는 세계적인 수준의 OSHMS를 보유하고 있었지만, 현장에서 작동하지 않았다[52]고 한다. 비용 절감의 문제로 인한 시스템의 현장 작동성을 중요한 문제 중 하나로 지적했다.

마찬가지로 국내도 시스템이 작업 현장에서 잘 작동하지 않는다. 필자는 과거 OSHMS 인증 업무를 담당하면서 심사를 진행한 경험이 있다. 실제 국내에서 시스템을 도입한 기업 중 작업 현장에서 이 시스템이 제대로 작동하는 기업은 후하게 쳐서 10% 정도였다. 보통과 미흡이 대부분이었다. 현재는 어느 정도일까? 중대재해처벌법 등이 시행되면서 대기업의 경우는 조금 나아졌을까? 아마도 사고가 나면 어떻게 하면 CEO가 처벌을 면할 수 있을까? 하는 법 대응에 더 애쓰는 것은 아닌지 싶다.

국내의 산업현장에서 시스템이 잘 작동되지 않는 이유는 대략 다음의 몇 가지일 것이다.

첫째, 안전 시스템이 기업의 다른 시스템과 따로 논다. 기업에는 품질 · 환경 · 안전과 그 밖에도 경영과 관련된 시스템이 여러 가지 있다. 기업이 원활하게 돌아가기 위해서 가능한 시스템을 통합하여 운영하여야 한다. ISO 등에서도 품질 · 환경 · 안전은 하나의 시스템으로 통합하도록 권고하고 있다.

둘째, 앞에서 잠시 언급했듯이 시스템의 도입이 산업재해예방의 목적이 아닌 도입 자체가 목적이고 목표가 되는 것이다. 특히, 사고가 나지 않으면 더욱 그렇다. 개별 기업 측면에서 사고는 간혹 나거나 거의 나지 않는다. 사망사고는 우리 사업장에서는 발생하는 일이 없을 거라 굳게 믿는다. 그 때문에 시스템 도입이 목표가 되어 버린다. 남들이 하니까 나도 해야지 하는 식이다. 시스템이 작업 현장에 내재화되기도 전에 시스템의 필요성이 없어진다. 당연히 현장에서 시스템이 작동하지 않는다.

셋째, 평가가 부실하고 시스템 작동에 대한 평가가 이루어지지 않는다. OSHMS의 구성요소 중에 "성과평가"가 있다. 그 하위에 "모니터링, 측정, 분석 및 성과평가"와 "내부 심사"를 하도록 정하고 있다. 이것이 제대로 이루어지지 않는다. 단순히 목표에 관한 결과 위주로 모니터링과 내부 심사가 이루어진다. 시스템이 작업 현장에서 제대로 작동하는지에 대한 평가도 미흡하다. 시스템에 대한 평가는 인증기관의 심사(사후, 연장)를 제외하고는 이루어지지 않는다. 다국적 컨설팅 기업이나 국내 공공기관을 대상으로 시스템 운영 정도를 평가하는 도구가 있다. 시스템 평가와 관련된 내용을 뒤에서 자세히 언급하기로 한다.

그 외에도 시스템이 현장에서 제대로 작동되지 않는 이유는 더 있을 것이다. 도입한 시스템이 처음부터 완벽하게 현장에서 작동하지 않을 수도 있다. 기업에서 최초 OSHMS를 도입하고자 한 이유가 있다. 사고를 예방하기 위해서는 시스템을 사업장에 내재화시켜야 한다. 그러려면 안전 조직만이 아닌 구성원 모두가 시스템을 지키고자 노력하고 수준이 점점 나아져야 한다. 그래야 혹시 일어날지도 모를 큰 사고를 예방할 수 있다.

유연성을 높여라!

OSHM 시스템에는 문서화가 중요한 구성요소이다. 문서는 업무 수행의 계획과 기준으로 개정하는 것을 제외하면 업무 시작 전에 작성하는 것이 원칙이다. 시스템에서 문서는 매뉴얼, 절차서, 지침서와 작업표준 등이 있다. ISO 45001 표준에서는 문서화된 정보에 대한 일반사항, 작성과 갱신 방법, 관리 방법도 정하고 있다. 복잡성 수준도 가능한 한 최소화하여 유지하도록 하고 있다.

OSHM 시스템뿐만 아니라 기업 활동에서 문서화된 정보가 중요하다. 많은 것들이 문서(기록 포함)로 남는다. 그래야 경험이 없는 구성원들도 문서화된 정보를 통해 일을 할 수 있기 때문이기도 하다. 의사결정의 효율성을 높이기 위한 수단이기도 하다. 문서화의 장점은 이외에도 많다.

문서화의 단점은 현대의 빠른 기술의 변화를 적기에 반영하지 못한다는 점이다. 기술의 변화를 반영한 문서화는 지연이 발생할 수밖에 없다. 또 다른 점은 문서화 정보가 많으면 학습의 갈증이 줄어든다. 정보를 고민하고 찾아볼 필요가 없다. 문제가 발생하면 매뉴얼과 지침을 확인하면 된다고 생각한다. 학습하지 않는 조직문화가 생기게 된다.

일본 후쿠시마 원전을 운영하는 도쿄전력이 하나의 예이다. 우리는 일본을 매뉴얼을 중시하는 사회라고 부른다. 그만큼 매뉴얼이 잘되어 있고, 매뉴얼대로 업무를 수행한다. 그런데 도쿄전력은 조금만 신경을 쓰면 알 수 있었던 지진으로 인한 쓰나미에 대한 대비와 대응이 부실했다. 이 사고와 관련된 "더 데이즈"라는 일본 드라마 있다. 이 드라마는 후쿠시마 원전 사고와 그 과정에 관련된 내용이다. 드라마의 한 장면에 사고 이후에 대처방안을 몰라 관리자가 매뉴얼을 찾고 있는 장면이 나온다. 원인 파악과 조치가 제때 제대로 이루어지지 않았다. 사고가 더 심각해졌고 피해가 확대되었다.

후쿠시마 원자력 발전소 사고조사검증위원회 전 위원장인 하타무라 요타로 주장에 따르면 도쿄전력과 정부가 노심용융과 같은 심각한 사고는 일어날 수 없다는 신화에 사로잡혀 위기가 닥칠 수 있다는 현실을 제대로 인식하지 못했다고 한다. 도쿄전력은 평상시에도 위기 대응능력을 길러야 한다는 점에서 결정적인 취약점이 있었다고 주장했다.[53]

이러한 중대한 사고에 대응할 수 있는 구성원의 자질이나 능력은 하루아침에 습득할 수 있는 것이 아니다. 형식적인 도상 훈련만으로 육성되는 것도 아니다. 사고 대처 능력과 자질은 지식을 넘어서 입수한 정보로 다양한 가능성을 통합하여 최선을 방법을 찾아내는 실행의 힘이다.[54] 이것이 유연성이다. 사고를 모두 예측하기는 어렵다. 심리학자 돈 무어$^{Don\ Moore}$와 우리엘 해런$^{Uriel\ Haran}$은 이렇게 말했다. "예측 방식을 연구한 결과에 따르면 의미상 열 번 중 아홉 번을 맞혀야 하는 90% 신뢰구간에서 정답이 나오는 경우는 50%에도 미치지 못한다." 우리가 90% 확신하고 내리는 예측이 맞는 경우가 절반이 안 된다는 것이다.[55] 특히 시스템 사고는 사고가 발생하면 복잡한 상호작용과 연계 정도에 따라 어떻게 사고가 변화할지를 판단하기가 어렵다. 그래서 더욱 유연함이 필요하다. 유연함은 시스템을 이해할 수 있는 통합적 사고(思考)[56]가 숙달되어야 가능하다.

국내의 산업현장 중 건설업은 같은 건설업체가 시공하더라도 현장마다 상황과 특성이 다르다. 아파트 · 주상복합 · 상가 · 오피스텔 · 주택 · 항만 · 도로 · 다리 등등 건축물의 구조가 다르고 규모도 다르다. 협력업체도 다르고 근로자도 다르다. 제조업은 건설업보다는 변동성이 덜 하지만 공장마다 관리자, 근로자, 협력업체 등이 다르다. 전체적으로 문화가 다르다는 말과 같다. 그러면 현장과 공장별로 다른 시스템을 운용해야 한다. 같은 시스템을 적용하는 것은 여러 가지 오류를 범할 수 있다. 현장의 상황과 특성에 맞게 시스템에 유연성이 있어야 한다는 것이다. 그래야 근로자가 안전 규칙을 의도적으로 어기지 않는다.

불변하는 것은 없다. 기술도 변하고 상황도 변한다. 사고방식도 변한다. 모든 것이 변한다는 전제로 변화에 따른 적절한 대응을 계속해서 모색해야 한다.[57] 유연함의 기술도 학습을 통해서 발전시킬 수 있다.[58] 특히 오늘날 'VUCA(변동성, 불확실성, 복잡성, 모호성)'[59]에 직면한 환경에서는 획일하게 정해진 규칙이나 관행보다는 유연함이 성패를 좌우할 수도 있다는 것을 알아야 한다.

수평 전개

전개라는 용어는 '펼치다'와 '벌리다'라는 뜻으로 군대나 수학에 많이 쓰이는 용어이다. 안전에서의 수평 전개는 현재 특정 조직이나 부서에서 가지고 있는 안전 기술·노하우 등을 다른 곳에서도 적용하라는 의미이다. 특정 부서나 조직에서 발견한 위험을 개선 한 경우 다른 조직이나 부서에서도 이와 같거나, 유사하게 개선하는 것이 수평 전개의 개념이다.

수평 전개는 경영관리에 많이 사용하는 프로세스이다. 안전관리에도 대단히 중요하다. 안전에 관한 새로운 제도를 도입할 때 일시에 전 조직에 적용하는 방법과 특정 부서에서 먼저 시범 적용 후 미흡한 점을 개선하여 타 조직으로 수평 전개하는 방법도 있다. 또 니어 미스[14]나 사고 발생에 따른 개선 대책 수립 시에도 해당 조직 외 다른 조직에도 적용할 수 있도록 해야 한다. 이것이 수평 전개 방식을 이용한 사고 예방이다.

국내 기업들은 OSHM 시스템을 구축한 후 외부 공인기관으로부터 인증심사를 받아 우리 회사가 OSHM 시스템을 도입했다고 광고도 하고 자긍심도 가진다. OSHM 시스템 인증심사를 받을 때는 신청 사업장의 현장을 샘플링하여 현장 적용 여부를 실사한다. 사업장의 규모와 분산 정도에 따라 전체에 대해 가용 정보를 조사하거나, 샘플링한다. ISO에서는 ISO 19011(경영시스템 심사 가이드 라인), KOSHA에서는 인증 업무 처리규칙에서 샘플링에 대한 기준을 정하고 있다. 둘 규격 모두 샘플링 개수에 대해서는 정하고 있지 않고 심사팀의 자율에 맡긴다.

---

14 Near Miss는 사격이나 포격 등에서 표적에 근접하여 떨어진 것을 뜻하는 군사용어로 국제민간항공기구 (ICAO)에서는 "서로 다른 항공기가 근접 비행하여 충돌할 뻔한 상황"을 의미한다. 안전 분야에서는 아차 사고라고 부른다.

심사가 종료되면 인증기관에서 심사에서 발견된 개선 필요 사항 등을 요구하고 사업장의 모든 조직에 수평 전개토록 권장한다. 그런데 간혹 수평 전개 없이 기존 방법과 같은 방법으로 작업을 수행하다가 중대재해가 발생하는 경우가 있다. 몇 년 전 안전보건경영시스템 인증을 받은 국내 유명한 대기업의 계열사에서 사망사고가 발생한 적이 있다. 제빵공장에서 혼합기에 끼여 사망한 재해가 발생했다. 혼합기는 덮개를 여는 순간 운전이 정지되도록 규정하고 있으나, 연동회로가 설치되지 않아 덮개가 열려 있는데도 운전이 정지되지 않았다. 사고 이전에 이미 이와 유사한 문제점이 발견되어 개선을 요구하였고, 이미 과거에 끼임사고가 발생하였는데도[60] 개선 대책과 수평 전개가 이루어지지 않았다.

수평 전개는 학습의 실행력이다, 안전관리의 발전과 성장 과정 중 하나다. 개인화로 인한 조직 간 독립성이 심화하면서 수평 전개의 실행력이 과거보다 오히려 감소하는 경향도 있다. 내버려 두면 수평 전개가 그냥 이루어지지 않는다. 지속적인 관심가 조치가 필요하다.

OSHM 시스템 운영의 전개도 비슷하다. 시스템을 도입만 하면 그냥 자동으로 잘 돌아갈 것이라는 생각은 버려야 한다. 잘 작동될 것을 기대하는 것은 착각이다. 왜냐하면 인간은 긍정적인 일을 과대평가하는 성향이 있다고 한다.[61] 그래서 시스템이 제대로 운영되고 있는지를 지속 모니터링하고 평가해야 한다. 한 조직의 안전관리 우수사례가 다른 조직으로 전개가 이루어지는지도 평가하고 피드백해야 한다.

제2장

OSHMS 평가

□ OSHM 시스템 평가

> 측정할 수 없으면 관리할 수 없고,
> 관리할 수 없으면 개선할 수 없다.
> – 피터 드러커[Peter Drucker] –

평가(評價)라는 말의 의미는 어떤 대상의 가치를 규명하는 일이다. 영어로는 assessment와 evaluation을 혼용하여 사용한다.[62] 평가의 과정과 결과 중 어디에 중점을 두느냐에 따라 assessment 또는 evaluation을 사용한다. 안전관리에서 평가는 측정을 포함하여야 한다. 앞서 언급한 KPI나 성과평가는 목표 달성에 대한 평가이다. 우리 회사의 안전관리 수준이 어느 정도가 되는지에 대한 전체적 관점의 평가가 있어야 한다. 평가도 주기적이어야 한다. 그래야 안전관리의 중장기 전략과 나아갈 방향을 수립할 수 있다.

그런데 OSHMS에 대한 평가가 쉽지는 않다. 공식화된 평가 도구도 없다. 안전관리의 경제성에 대한 평가가 정량화와 객관화가 어려운 것도 사실이다. 평가가 이루어지면 조직별로 잘잘못을 가리게 되는 것도 문제이다. 이런저런 이유로 평가가 내실 있게 이루어지기는 쉽지 않다.

OSHMS를 도입하면 1~2년 운영하고 폐기하는 것이 아니다. 회사가 경제활동을 할 때까지 발전시키면서 운영해야 한다. 시간이 다소 소요될 수 있지만 우리 회사에 맞는 OSHMS에 대한 평가 도구가 필요하다. 평가 도구는 이미 개발·사용하고 있는 평가 도구에 회사의 특화된 내용을 포함하는 것이 효율적이다. 이 장에서는 다국적 컨설팅 기업의 평가 도구와 국내 공공기관을 대상으로 하는 시스템 기반 평가 도구를 소개할 것이다. 이 평가 도구 외에서 안전 문화 평가 도구에서 OSHMS 내용을 포함하는 경우도 있어 안전 문화 평가 도구를 활용하는 방법도 있다.

ISRS (International Safety Rating System)[15]

외국의 안전 평가 제도 중 국제 표준인증기관인 DNV GL에서 운영하는 ISRS가 대표적인 모델이다. ISRS는 1978년 프랭크 버드[Frank Bird16]가 175만 건의 사고 원인에 관한 연구를 기반으로 개발한 것으로 알려져 있다. ISRS는 안전·보건·환경·품질 전반에 대한 경영시스템을 평가하고 그 결과에 따라 1등급부터 10등급까지 부여하는 평가 도구(tool)이다.

ISRS는 1978년 초판을 시작으로 현재 ISRS 9까지 개발되어 운영되고 있다. ISRS 9는 리더십(leadership)부터 결과 및 검토(result and review)까지 15개의 주요 프로세스로 구성되어 있고, 각 프로세스에는 하위 프로세스와 질문이 포함되어 있다. 또한, ISRS는 ISO 45001(2018), ISO 14001(2015), ISO 9001(2015), ISO 55000(2014), ISO 50001(2019), OSHA 1910.119, Seveso III Directive 등 주요

---

15 과거에는 ISRS를 국제안전등급제(International Safety Rating System)로 표기했으나, 최근에는 국제지속가능등급제((International Sustainability Rating System)로 표기하고 있음

16 Frank E. Bird(1921~2007)

국제 표준 인증에 대한 요구사항을 포함하고 있다.[63]

프로세의 구성은 리더십 등 15개와 하위 프로세스가 133개로 되어 있다. 자세한 내용은 관련 인터넷 사이트를 확인하면 알 수 있다.

<표 3-4> ISRS 프로세스 구성

리더십	계획 & 관리	리스크 평가
인적자원	법규 준수	프로젝트
역량	의사소통 & 홍보	리스크 통제
자산 무결성	계약자 & 공급자	비상 대비
사건으로 배움	리스크 감시	결과 & 검토

ISRS이 과거에는 OSHMS에 한정한 평가시스템이었다면 현재는 안전보건과 경영의 상당수 요소를 포함하여 기업의 지속가능성을 평가하는 시스템으로 변하고 있다.

공공기관 안전 활동 수준 평가[64]

제1부에서 공공기관 안전관리 강화에 대해 언급했다. 2019년 3월 19일 관계부처 합동으로 발표한 「공공기관 작업장 안전 강화 대책」을 기반으로 3월 28일에는 기획재정부에서 「공공기관 안전 강화 종합대책」을 발표했다. 그 내용 중안전 전문기관의 '공공기관 안전 활동 수준 평가' 결과를 정부 경영평가에 반영하는 내용을 포함하였다.[65] 이러한 정부의 공공 작업장의 안전 강화 방침에 따라 '정부 경영평가 편람'과 관련 고시[17]를 근거로 삼아 '공공기관 안전 활동 수

---

17 「공공기관의 안전 활동 수준 평가에 관한 고시」 고용노동부, 제2019-47호 (2019.9.16.)

준 평가'를 도입하였고, 2020년 1월부터 최초 '2019년도 공공기관 안전 활동 수준 평가'를 시작하였다.

평가 대상은 정부의 평가계획과 공공기관 경영평가 편람 등에 따라 선정하며, 공공기관의 특성과 위험도를 고려하여 기간산업형과 서비스 집중형으로 구분하여 평가한다. 기간산업형은 SOC 건설관리와 유지 · 운영기관 등 사고 발생 위험이 상대적으로 높은 기관이다. 서비스 집중형은 기간산업형이 아닌 기관으로서 행정서비스 중심의 기관과 연구기관 등이다.

〈표 3-5〉 평가 유형 분류

구 분		분류 기준
기관산업형		① 사회기반시설(SOC) 관련 건설관리 ② 항공 · 항만 · 철도 · 도로 등 관련 기반 시설 유지 · 운영 ③ 석유 · 전기 · 가스 · 난방 등 유 · 무형의 공공재화의 생산 · 공급 등
서비스 집중형	그룹 I	① 고위험 기관 ② 근로자 1,000인 이상 ③ 기획재정부 안전관리 중점기관 중 어느 하나에 해당하는 기관
	그룹 II	기간산업형 또는 그룹 I, 연구기관 등에 해당하지 않는 기관
	연구기관 등	공기업 및 준정부기관에 해당하지 않는 안전관리 등급제 심사제도 대상인 기타 공공기관

이 평가는 종합평가와 현장 작동성 평가로 구분하여 실시한다. 현장 작동성 평가는 연도 중에 평가를 실시하고, 종합평가는 익년도 1~2월에 실시하고 있다. 평가반은 기관 유형, 규모, 위험도 등을 고려하여 전문가로 구성하나 현장 작동성 평가는 위 공단 직원 3명 이내로 하고, 종합평가는 외부 전문가 등을 포함한 5명 이내로 구성하고 있다. 평가 결과의 공정성을 위하여 10인 이내의 평가심의위원회를 운영하고 있다.

평가지표는 안전보건 체제, 안전보건 관리, 안전보건 활동, 안전보건 성과의 4개 범주로 구성하고 있다. 기간산업형의 경우 안전보건 체제는 5항목으로 250점, 안전보건 관리는 8항목 250점, 안전보건 활동 14항목 300점, 안전보건 성과 3항목 200점으로 구성되어 있다. 기간산업형의 경우 안전보건 체제는 5항목 300점, 안전보건 관리 7항목 250점, 안전보건 활동 11항목 200점, 안전보건 성과 3항목 250점으로 구성되어 있다. 건설발주 사업장 평가의 유무에 따라 안전보건 활동 범주의 배점을 달리 적용하고 있다.

〈표 3-6〉 23년도 공공기관 안전 활동 수준 평가지표

분야	평가지표	배점(점)		지표적용(개)	
		❶	❷	종합	현장
	합계	1,000	1,000	30	19
안전보건 경영체제 (5항목)	소계	250	250	5	0
	1. 최고경영자의 안전보건 경영 리더십	60	60	○	×
	2. 안전보건 경영체제 구축 및 역량	60	60	○	×
	3. 안전보건 경영 투자	50	50	○	×
	4. 안전관리 규정 및 절차·지침	50	50	○	×
	5. 안전경영 계획수립	30	30	○	×
안전보건 관리 (8항목)	소계	250	250	8	5
	1. 근로자 건강 유지·증진	30	30	○	×
	2. 위험성 평가	40	40	○	○
	3. 안전보건교육	20	20	○	○
	4. 관리자 및 근로자 등의 안전보건 활동 참여	40	40	○	○
	5. 비상시 대비 및 대응	20	20	○	×
	6. 재해조사 및 재발 방지	20	20	○	×

분야	평가지표	배점(점)		지표적용(개)	
		❶	❷	종합	현장
	합 계	1,000	1,000	30	19
안전보건 관리 (8항목)	7. 도급 사업의 안전보건 관리	50	50	○	○
	8. 수급업체 인프라 지원	30	30	○	○
안전보건 활동 (14항목)	소 계	300	300	14	14
	[ⓒ.1 직영 및 도급(건설포함) 사업장]	120	300	7	7
	1.1. 기본 안전보건 관리	10	40	○	○
	1.2. 기계·기구·설비에 의한 위험방지 조치	15	40	○	○
	1.3. 전기기계·기구로 인한 위험방지 조치	15	40	○	○
	1.4. 추락·낙하 등 위험방지 조치	25	50	○	○
	1.5. 화재 등의 위험방지 조치	25	50	○	○
	1.6. 화학물질 중독 및 질식사고 예방 활동 수준	15	40	○	○
	1.7. 위험작업 및 상황 안전관리	15	40	○	○
	[ⓒ.2 건설발주 사업장]	180	–	7	7
	2.1. 건설발주현장 안전보건 관리업무 체계	20	–	○	○
	2.2. 건설공사 계획수립 시 안전보건 활동	20	–	○	○
	2.3. 설계자 안전보건 활동 관리	20	–	○	○
	2.4. 시공자 안전보건 활동 관리	25	–	○	○
	2.5. 안전보건 조정자 안전보건 활동	20	–	○	○
	2.6. 건설발주현장 안전보건 조치	50	–	○	○
	2.7. 건설발주현장 안전보건 환경조성	25	–	○	○
안전보건 성과 (3항목)	소 계	200	200	3	0
	1. 안전보건 경영 핵심 성과측정	60	60	○	×
	2. 안전 문화 정착·확산	80	80	○	×

분야	평가지표	배점(점)		지표적용(개)	
		❶	❷	종합	현장
	합 계	1,000	1,000	30	19
안전보건 성과 (3항목)	3. 사고사망 예방, 감소 성과	60	60	○	×

주) ❶발주 사업장 평가를 받는 경우 ❷발주 사업장 평가를 받지 않는 경우

위 표와 같이 공공기관 안전 활동 수준 평가의 지표는 OSHM 시스템 구성요소를 평가에 포함하고 있다. 시스템이 현장에서 잘 작동하고 있으면 기본적으로 좋은 평가를 받는다. 평가지표와 OSHMS(KOSHA-MS) 구성요소를 비교하면 거의 대동소이하고, 리더십 부분을 비교하면 아래와 같다. 차이점은 OSHMS는 경영시스템으로 안전과 보건을 구분하지 않지만, 위 평가지표는 직업병 예방보다 사고방지에 집중하고 있다고 볼 수 있다.

〈표 3-7〉 공공기관 안전 활동 수준 평가지표와 KOSH-MS 비교

공공기관 안전 활동 수준 평가	KOSHA-MS

• 최고경영자 리더십
  - 안전 경영 철학
  - 안전 조직 역량 지원
  - 수급업체 등 이해관계자 지원
  - 노사 소통
  - 안전보건 방침 내용
  - 안전보건 방침 개시 및 공유 정도
  - 경영자 회의 등 참석 · 주재
  - 경영자 현장 안전 경영 활동
	• 리더십과 근로자 참여
	  - 안전 경영 리더십과 의지 표명
	  - 자원 제공 및 지휘
	  - 안전보건 목표 수립
	  - 근로자 및 이해관계자 안전보건 유지 · 증진
	  - 근로자 참여 및 협의 보장
	  - 안전보건 방침 내용 및 문서화
	  - 안전보건 방침 공개 등

공공기관에 평가가 도입된 후 공공기관의 안전 리더십과 활동 수준은 높아

졌고, 산재 사망사고도 감소했다. 공공기관 구성원이 대부분 안전수준이 좋아졌다고 인식하고 있다.[66] 안전 평가가 좋은 결과를 유도하고 있는 것이 확연히 보인다. 공공기관은 특성상 정부의 안전 정책 변화에 민감하다. 정부의 안전 정책이 느슨해지면 즉시 공공기관의 안전 리더십이 저하하고 공공기관의 안전 문화가 퇴보하는 경향이 발생한다. 안전과 환경 분야만큼은 정부의 지속적인 관심과 지원이 필요하다.

공공기관 안전관리 등급제

공공기관 안전관리 등급제는 기획재정부 주관으로 공공기관의 안전관리 상태를 평가하여 등급화하는 제도다. 이 제도는 2019년도에 기획재정부 "2020년 경제정책 방향" 주요 추진 과제로 채택하여 심사 지표 제정과 시범 심사를 거쳐 2021년부터 시행하였다.

안전관리 등급 심사는 작업장 등 위험한 작업환경을 보유한 공공기관을 대상으로 종합 안전관리 능력 진단을 통해 취약 분야를 조기에 발견한 후 안전 전문가의 컨설팅을 통해 안전관리 능력을 회복하도록 함으로써 중대재해를 예방하기 위한 목적이다. 심사는 안전 역량, 안전수준, 안전성과 3대 범주로 구성되어 있으며, 절대평가 방식으로 실시한다. 안전 역량과 안전성과 범주는 공통 기준을 적용하고, 안전수준은 공공기관이 보유한 작업장, 건설 현장, 시설물, 연구시설의 위험 요소로 세분화하여 심사한다. 종합점수는 1,000점을 만점으로 안전 역량 300점, 안전수준 400점, 안전성과 300점으로 구성되어 있다.

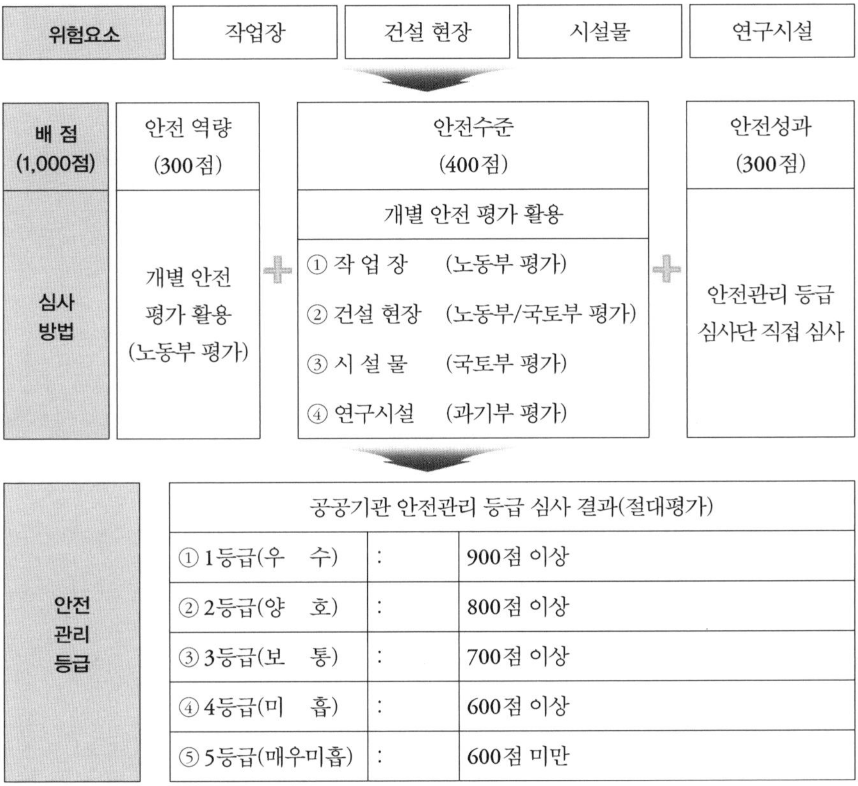

위험요소	작업장	건설 현장	시설물	연구시설

배 점 (1,000점)	안전 역량 (300점)	안전수준 (400점)		안전성과 (300점)
심사 방법	개별 안전 평가 활용 (노동부 평가)	개별 안전 평가 활용 ① 작 업 장 　(노동부 평가) ② 건설 현장 　(노동부/국토부 평가) ③ 시 설 물 　(국토부 평가) ④ 연구시설 　(과기부 평가)		안전관리 등급 심사단 직접 심사

안전 관리 등급	공공기관 안전관리 등급 심사 결과(절대평가)		
	① 1등급(우　수)	:	900점 이상
	② 2등급(양　호)	:	800점 이상
	③ 3등급(보　통)	:	700점 이상
	④ 4등급(미　흡)	:	600점 이상
	⑤ 5등급(매우미흡)	:	600점 미만

〈그림 3-5〉 안전관리 등급제 심사 체계도[67]

　　심사 대상 및 선정 기준은 매년 기획재정부에서 전문가의 의견을 들어 발표하고 있다. 심사는 정부 부처별 안전 평가와 안전경영책임보고서 서면 심사, 안전관리 대상 현장의 개선 이행 수준 등을 확인하는 현장검증으로 구분하여 실시한다. 서면 심사는 고용노동부, 국토교통부, 과학기술정보통신부에서 주관하는 개별 평가를 활용하고, 안전경영책임보고서 심사는 심사단[18]에서 독립적으로 실시한다.

18　심사단은 정부위원 4명(기획재정부 2차관, 고용노동부·국토교통부·과학기술정보통신부 1급)과 기획재정부에서 위촉하는 민간위원 30명 내외로 구성한다.

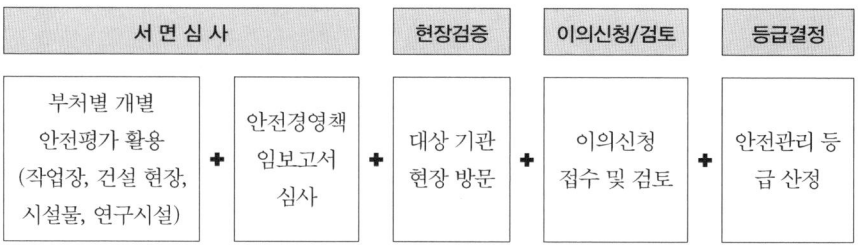

| 서 면 심 사 | | 현장검증 | 이의신청/검토 | 등급결정 |

| 부처별 개별 안전평가 활용 (작업장, 건설 현장, 시설물, 연구시설) | + | 안전경영책임보고서 심사 | + | 대상 기관 현장 방문 | + | 이의신청 접수 및 검토 | + | 안전관리 등급 산정 |

〈그림 3-6〉 안전관리 등급 심사 절차

안전경영책임보고서 심사는 기획재정부에서 매년 발표하는 작성 지침에 따라 작성한다. 그 내용은 안전 조직 현황과 예산 현황 등을 포함하는 기본현황과 활동 실적과 성과 등과 다음 연도 추진 방향을 포함한다.

심사 지표는 안전 역량 9개, 안전수준 27개 지표, 안전성과 5개 지표로 구성하고 있다. 안전수준 범주는 해당 공공기관에서 보유하고 있는 위험 요소에 따라 가중치를 달리하여 평가한다.

〈표 3-8〉 심사 지표 총괄표[68]

범 주	분야	심 사 지 표	배점
총 점			1000
안전 역량		안전 역량 합계	300
	체계 역량 170점	① 안전보건 경영 리더십	40
		② 안전보건 경영체제 구축 및 역량	40
		③ 안전보건 경영 투자	30
		④ 안전관리 규정 및 절차 · 지침	30
		⑤ 안전관리 목표 및 안전경영책임계획 수립	30

범 주	분야	심 사 지 표	배점
안전 역량	관리 역량 130점	① 위험성 평가 실시 체계	40
		② 근로자 건강 유지 · 증진 활동 체계	30
		③ 안전보건교육 · 안전 인식 · 활동 참여	30
		④ 재해조사 및 비상 상황 대비 · 대응 능력	30
안전 수준		안전수준 합계	400
	작업장 400점	① 작업장 기본 안전보건 관리 수준	40
		② 기계 · 전기 설비 위험방지 및 추락 예방 조치	120
		③ 화재 및 화학물질 사고 예방 활동 수준	80
		④ 위험작업 및 상황 안전관리	60
		⑤ 수급업체 안전보건 관리	100
	건설 현장 400점	① 발주 현장의 안전보건 체계	25
		② 공사 착공 전 안전보건 활동	55
		③ 공사 착공 후 안전보건 활동	85
		④ 발주 현장의 안전보건 여건	35
		⑤ 건설안전 환경조성	85
		⑥ 안전 시공 작동수준	115
	시설물 400점	① 시설물 관리계획 수립 수준	40
		② 시설물 안전을 위한 조직의 노력	30
		③ 시설물 안전 점검 실시	50
		④ 시설물 유지관리 체계구축 수준	100
		⑤ 시설물 사고 및 안전 성능 수준	40
		⑥ 시설물 보수 · 보강 및 노후화 대비	50
		⑦ 시설물 안전 전문성 강화 노력 수준	40
		⑧ 대국민 안전 확보를 위한 안전관리 수준	50

범 주	분야	심 사 지 표	배점
안전수준	연구시설 400점	① 연구실 일반 안전 유지 · 관리 수준	50
		② 연구실 기계 안전 유지 · 관리 수준	50
		③ 연구실 전기 안전 유지 · 관리 수준	50
		④ 연구실 화공 안전 유지 · 관리 수준	50
		⑤ 연구실 소방 안전 유지 · 관리 수준	50
		⑥ 연구실 가스 안전 유지 · 관리 수준	50
		⑦ 연구실 위생 안전 유지 · 관리 수준	50
		⑧ 연구실 생물 안전 유지 · 관리 수준	50
안전성과	공통	안전성과 합계	300
		① 안전관리 등급 심사 결과 개선 필요 사항 이행 수준	60
		② 안전경영 책임 활동 및 성과(안전경영책임보고서)	100
		③ 대국민 안전사고 예방 노력과 성과(안전경영책임보고서)	40
		④ 사고사망 감소 성과 및 노력도	100
		④-① 사고사망 감소 성과	(40)
		④-② 사고사망 감소 노력도	(60)

안전관리 등급 심사에서 좋은 결과를 얻기 위해서는 OSHMS 운영이 필수적이다. 안전 역량은 OSHMS의 구성요소와 더불어 정부에서 요구하는 경영진 등의 안전보건 활동 참여 정도 등을 심사하는데 앞에서 언급한 "공공기관 안전 활동 수준 평가" 결과를 활용한다. 안전수준은 작업이 이루어지는 현장의 안전수준으로서 OSHMS가 현장에서 작동되고 있는지를 평가한다. 위험 요소별 각 부처에서 평가하는 결과를 활용한다. 안전성과는 심사단에서 오롯이 심사를 진행한다. 안전성과도 OSHMS를 운영한 결과로써 시스템을 전사적으로 올바르게 운영하면 대부분 좋은 평가를 받을 수 있고, 안전관리가 효과를 거

둘 수 있다.

앞에서 언급한 "공공기관 안전 활동 평가"와 "안전관리 등급 심사" 결과가 정부 경영평가에 반영된다. 안전관리 등급 심사 대상 기관은 안전관리 등급 심사 결과가 반영되고 나머지 기관은 안전 활동 수준 평가 결과가 반영된다. 정부 경영평가에 반영하는 점수와 기준은 매년 기획재정부에서 경영평가 편람으로 공표하고 있다.

제3장

OSHMS를 넘어

□ 최근의 안전 이슈

블랙 스완은 개연성이 희박하고 대개 예측
불가능한 사건이므로 충격에 대해 회복력
있는 시스템이나 구조를 구축하는 것이
유일한 방법이다.
- 미셸 부커Michele Wucker -

24년 1월 상시근로자 50인 미만 사업장도 중대재해처벌법의 적용 대상으로 확대 시행되었다. 상시근로자 5인 이상 사업장은 모두 법 적용 대상이다. 이 법이 도입될 때만 하더라도 중소기업에서는 대수롭지 않게 생각했다. 법 적용 유예기간이 종료하는 시점에 와서야 준비 부족으로 인한 유예기간 연장을 요구하기도 했다. 유예한 3년 동안 안전보건 관리체계 구축 등 법 이행 준비에 소홀했다. 사업주의 관심만 있어도 어느 정도 준비를 했을 것이다.

또 하나의 이슈는 자기 규율이다. 정부는 22년 11월에 중대재해 예방 로드맵을 발표하였다. "위험성 평가 중심 자기 규율 예방 체계 확립"을 첫 번째 전략으로 삼았다. 위험성 평가 실효성에 대한 논란은 국내뿐만 아니라 선진국에서

도 존재한다. 우리나라는 2013년도 위험성 평가가 도입된 후 확산을 위해 중소
규모 사업장에서 위험성 평가 인정을 받으면 산재보험료를 일정 비율로 감면해
주는 제도도 운영하고 있다.

정부는 기업에서 위험성 평가가 어렵다는 의견을 들어 2023년 5월 체크리스
트 방식, OPS 방식 등 평가 방식을 다양화했다. 작업 전 안전점검회의(Tool Box
Meeting) 등을 충실히 운영하면 상시 위험성 평가로 간주하여 정기 평가와 수시
평가를 별도로 하지 않아도 된다. 위험성 평가에 대한 자세한 내용은 앞에서 이
미 설명했다. 위험성 평가가 중대재해 예방 효과를 거두기 위해서는 근로자 참
여와 전문 역량이 전제되어야 함을 다시 한번 강조한다.

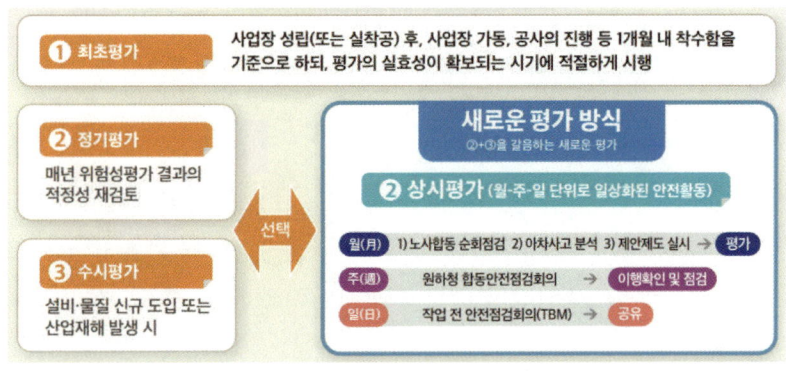

〈그림 3-7〉 개편한 위험성 평가 주요 내용[69]

중대재해처벌법 시행 등 국내 안전 이슈의 증가로 연간 5만 명 이상이 산
업안전기사 자격을 취득한다. 안전 경험자는 은퇴 후에도 여기저기에 불려
다닌다. 그만큼 안전이 중요해졌다는 이야기이기도 하다. 외형적인 안전성은
높아져 가는 것 같기도 하다. 그런데 실제 현장에서의 안전관리가 나아졌는
가? 대답은 글쎄이다. 여러 사업장을 방문해 보면 과거와 별반 달라져 보이지
않는다.

정부에서는 사업장의 중대재해 예방을 위해 안전설비 등에 대한 융자, 보조금 등의 재정지원과 안전관리 컨설팅 등 많은 것들을 지원하고 있다. 그리고 과거보다 규제도 강화하였다. 그런다고 안전관리가 저절로 이루어지지는 않는다. 안전관리에서 중요한 요소는 우리 사업장의 안전은 내가 한다는 사업주와 구성원의 자세와 투자, 안전 활동이 선행되어야 한다. 부단한 노력 없이는 안전을 지킬 수 없음을 알아야 한다.

중대재해 예방 로드맵

2022년 11월 30일 정부에서 산업안전 선진국으로 도약하기 위한 중대재해 감축 로드맵을 발표했다. 로드맵 추진 배경은 우리나라 중대재해 발생 규모가 여전히 경제적 수준을 훨씬 상회하고, 기존 사고(思考)와 방식으로는 한계가 있어 산업안전 패러다임 전환이 필요했다. 로드맵 보고서는 국내 산업안전 현주소를 진단하고, 중대재해 감축 추진 방향과 정책 과제, 추진체계와 일정으로 구성하고 있다.

로드맵에서 국내 산업안전 수준을 선진국의 70~90년대 수준으로 진단했다.

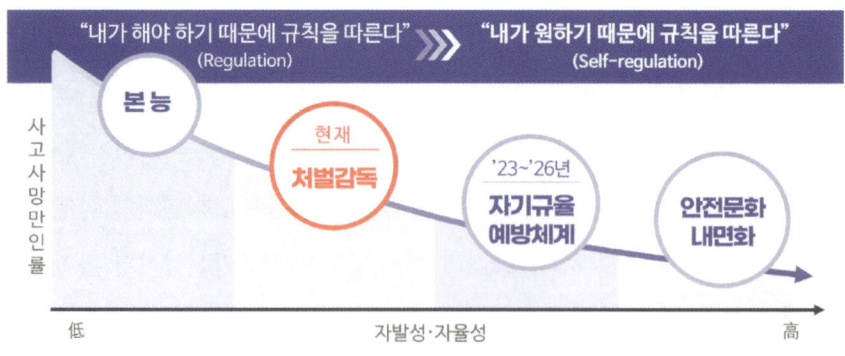

〈그림 3-8〉 노동부의 자기규율 예방 체계 방향도[70]

이 진단을 토대로 1970년대 영국과 듀퐁사의 안전모델(Bradley Curve)을 벤치마킹하여 수동적·타율적 규제인 '처벌·감독 단계'를 넘어 '자기 규율 단계'에 진입하고, '안전 문화 내면화 단계'를 지향하는 것으로 추진 방향을 정했다.

로드맵에서 정부의 목표는 2026년까지 사고사망 만인율 0.29‰ 달성을 제시하고 있다. 이 목표를 달성하기 위해 4대 전략, 14개 핵심 과제를 발표했다.

〈표 3-9〉 중대재해 감축 로드맵 전략 및 핵심 과제

추진 과제	세부과제 수
1. 위험성 평가 중심의 「자기 규율 예방 체계」 확립	
① 예방과 재발 방지의 핵심 수단으로 위험성 평가 개편	6개
② 산업안전 감독 및 행정 개편	4개
③ 산업안전보건 법령·기준 정비	4개
2. 중소기업 등 중대재해 취약 분야 집중 지원·관리	
① 중소기업: 안전관리 역량 향상 집중 지원	4개
② 건설·제조업: 스마트 기술·장비 중점 지원	3개
③ 추락·끼임·부딪힘: 3대 사고유형 현장 중심 특별 관리	1개
④ 원·하청: 안전 상생 협력 강화	5개
⑤ 새로운 위험 요인: 산업구조 및 기후변화 등 대비	5개
3. 참여와 협력을 통한 안전 의식 및 문화 확산	
① 근로자 안전책임 및 참여 확대	3개
② 범국민 안전 문화 캠페인 확산	3개
③ 안전보건교육 내용 및 체계 정비	3개
4. 산업안전 거버넌스 재정비	
① 산재 예방 전문기관 기능 재조정	2개
② 비상 대응 및 상황 공유 체계 정비	3개

추진 과제	세부과제 수
③ 중앙_지역 간 협업 거버넌스 구축	2개

과거 여러 정부에서 산업안전 목표만을 수립하고 확실한 수단을 설정하지 않았다. 목표 지향적 공약이 대부분이었고 매년 정부와 KOSHA에서 수립하는 중장기 목표가 전부였다. 이러한 점에서 중대재해 감축 로드맵은 향후 산업안전 방향을 제시했다는 점에서 칭찬할 일이다.

그러나, 이 로드맵을 정밀하게 검토해 보면 몇 가지 아쉬운 부분이 있다. 첫째, 이 로드맵이 추구하는 '자기 규율 예방 체계'로의 패러다임 전환에 맞지 않다는 점이다. 기업 스스로 위험 요인 진단과 개선을 추구하면서 정작 내용은 위험성 평가 의무화 등 규제로 시작한다. 감독도 예방 중심으로 전환한다. 사고를 예방하기 위해서는 사전 감독이 더 효과적이나, 자기 규율을 한다면서 감독을 강화한다는 논리적 모순이 생긴다.

둘째, 장기 전략의 부재다. 목표도 26년까지밖에 없다. 그간 경험에 의하면 정부가 바뀌면 안전 목표부터 바뀐다. 그에 따른 정책도 변경한다. 이렇게 해서 산업현장에 주는 시그널이 무엇인가? 안전에 있어 장기 전략이 있어야 한다. 장기 전략을 마련하고 환경이 바뀌면 평가해서 부족한 점은 폐기 · 수정 · 보완하면 된다. 현재의 로드맵 과제는 대부분 23년과 24년 도입이 목표다. 문화는 단기간에 형성되거나 개선되기가 힘들다. 많은 문화 전문가는 문화가 바뀌는데 최소 5~10년 정도 기간이 소요된다고 한다. 하물며 범국민적인 안전 문화를 단기간에 형성하기는 어렵다. 로드맵이 단기적 목표를 나열하고 있다는 점에서 아쉬운 부분이 있다.

셋째, 정말 우리나라 안전관리 수준이 안전 선진국의 70~90년대 수준인가? 이다. 이것은 산재 사망사고 숫자로 진단한 결과다. 자세히 들여다보면 과거 안전 선진국에 없었던 제도를 우리나라 기업에서 운영하는 내용이 많다. 현재는 네트워크의 시대다. 외국에서 제도가 도입되거나 바뀌면 거의 실시간으로 알 수 있다. ISO 45001이 2018년 공표되자 국내에서는 2019년도에 시행했다. 앞 장에서 언급했듯이 한국의 낮은 안전수준은 안전 행정의 미비와 생산에 과도하게 집중하는 한국형 문화 등으로 진단해야 한다. 고속도로 등 SOC 건설공사를 설계보다 앞당겨 개통하는 빨리빨리 문화는 누가 조장하는가? 대부분 정부나 공공에서 발주하는 공사다. 정부와 공공에서부터 솔선수범하고, 선도적이어야 제도가 정착되고 민간도 바뀐다.

중대재해 감축 로드맵이 진작부터 해야 할 일을 나열하였다고 생각하는 전문가도 많다. 여러 전문가의 공감 없이 안전의 축적된 경험이 없는 사람들이 만들었다는 의견도 있다. 안전은 기술과 심리, 문화 등 다제학으로 과학이라고 한다. 안전관리는 경험을 바탕으로 한다. 경험이 많아야 잘할 수 있다는 말이다. 이해관계자도 많아 다양하고 많은 사람의 의견도 들어야 한다. 그런 다음 정책을 만들어야 한다. 아무리 좋은 계획도 이해관계자가 인식하지 못하면 성공하지 못한다.

로드맵이 앞으로의 국내 안전 방향을 제시했다는 점에서 괄목할 만한 일이다. 세상은 너무나 빠른 속도로 변화한다. 새로운 위험도 생긴다. 법과 기준도 새로운 위험의 발생과 같이 보완하거나 개·제정해야 한다. 로드맵과 별도 필요한 부분이 있으면 새로운 제도도 도입해야 한다. 2022년의 로드맵이 우리나라 안전의 완전한 지도가 아니다. 안전한 항해를 위해 기업과 규제기관 등 이해관계자 모두 관심을 가지고 지속 지향해야 한다.

법과 재해예방

국내 산업안전과 관련한 법은 크게 두 개다. 산업안전보건법과 중대재해처벌법이다. 이 두 법의 목적은 약간의 차이는 있지만 산업재해예방을 목적으로 한다. 산업안전보건법은 안전에 관한 기술 등 사업장에서 준수해야 할 내용을 자세하게 규정하고 있다. 산업안전보건법은 법과 령을 모두 합쳐 1,240조항이 된다. 반면 중대재해처벌법은 법과 령을 합쳐 29개 조항으로 규정하고 있다.

〈표 3-10〉 산업안전보건법과 중대재해처벌법의 목적

산업안전보건법	중대재해처벌법
- 종합적인 위험방지 기준 확립 - 사업장 내 안전보건 관리체계 명확화 - 사업주 및 전문단체의 자율적 활동 촉진 - 산재 예방, 쾌적한 작업환경 조성 - 근로자 안전, 보건 증진 향상	- 경영 책임자 등 처벌 규정 - 근로자와 일반 시민의 안전권 확보 - 조직문화, 안전관리시스템 미비로 일어나는 중대재해 예방

산업현장의 재해예방을 위해 산업안전보건법이 먼저 만들어졌다. 산업의 변화와 사고의 형태에 따라 계속해서 조항을 신설하거나 강화했다. 산업안전보건법의 태동으로 산업재해가 관리되고 재해도 일정 부분 감소하는 데 기여했다. 그런데 강화된 법이 시간이 지나면서 오히려 집행이 느슨해지고, 사실상 1,200개가 넘는 법령의 모든 조항을 준수한다는 것이 쉽지 않게 되었다. 또, 법의 최소 기준을 지킨다고 사고가 나지 않는 것도 아니다. 실제 많은 사고가 발생했고, 큰 사고로 인한 사회 문제도 있었다. 이러한 중대재해 예방을 위해 한층 강화된 일명 중대재해처벌법이 만들어졌다. 산업현장은 훨씬 더 안전해졌는가? 강력한 법 때문에 무엇이 달라지고 있는가?

중대재해처벌법 적용을 받는 사업장에서 중대재해가 발생한 경우를 가정해

보자. 법 위반 정도에 따라 사업주나 경영 책임자에 대한 처벌이 이루어질 것이다. 해당 작업을 관리하는 관리자나 담당자는 어떻게 될까? 회사를 옮길 수도 있고, 그렇지 않더라도 비난을 받을 것이다. 아마도 조직에서 안전에 대한 비난 문화가 시작되고 만들어질 것이다.

비난 문화는 사람들로 하여금 정보 공유를 꺼리게 만드는 두려움의 분위기를 조성한다. 이는 사고로부터 배울 수 있는 학습의 기회를 방해한다. 작업자가 안전 기록 장치를 끌 수도 있을 것이다. 비난 문화는 규제 업무와 사고조사를 방해하기도 한다. 변호사의 역할은 안전 노력을 방해하고 실제로 사고 가능성을 더 높일 수 있다. 조직에서는 서류로 안전하기에 집중한다.[71] 중대재해처벌법이 시행되면서 현장에서 생기는 현상이다. 국내 대기업은 법 대응을 법무법인이나 법률 사무소 등에 의뢰한다. 사고 예방을 위한 실질적 안전관리보다 경영자의 처벌을 막기 위한 서류를 생산한다. 실제 중대재해 예방을 위한 활동이나 고민이 뒷전으로 밀리기도 한다. 물론 반대의 경우도 존재한다.

사업장에서 사고가 발생하면 사고조사를 한다. 사고조사의 목적은 경험에서 교훈을 얻어 앞으로 성공 확률을 높이는 것이다.[72] 즉, 동종이나 유사 사고를 예방하는 것이다. 동종재해예방은 사고가 발생한 사업장에 국한하는 것이 아니다. 왜냐하면 일부 고위험사업장을 제외하면 대개는 동일 또는 유사한 중대 사고가 같은 사업장에서 반복 발생하지 않는다. 다른 사업장에서 학습할 수 있도록 빠른 기간에 사고 정보를 알 수 있도록 하는 것이 중요하다.

그런데 중대재해처벌법이 시행되면서 사고의 정보가 적기에 제공이 이루어지지 않고 있다. 최근 한 언론에서 중대재해처벌법 이후 1심 선고까지 소요된 기간을 기사에 실었다. 중대재해처벌법이 시행된 2022년 1월부터 2024년 2월까지 기소된 40개의 사건공판장과 법원 판단이 나온 13건의 판결문을 전수 분석한 결과 중대재해 발생일로부터 1심 선고까지 617일이 걸린다는 것이다. 중대재해가 발생하고 난 이후 1심까지가 1년 7개월 정도이고, 2심과 3심을 거치면 몇 년이 걸릴지 모른다.[73] 이런 결과로는 사고를 통해 학습이 이루어지기는 힘든 구조이다. 사고 조사가 중대재해처벌법이 생기면서 온전히 수사로 바뀐 모습이다. 중대재해 예방이라는 궁극적인 목적보다는 처벌이 훨씬 더 중요해져 버렸다. 중대재해가 발생하면 처벌이 목적이 된다.

〈표 3-11〉 중대재해처벌법 위반 사건 처리 현황

수사 착수	송치	기소	1심 선고
438건	85건	40건	13건
23.9월 기준		24년 2월 기준	
평균 617일		374.7일	242.8일

기술과 과학의 발달로 많은 새로운 위험이 생겼다. 개인이 모든 위험을 알고 대처하기란 불가능한 세상이다. 그래서 법으로 위험 생산을 통제하는 것이 올바른 방향이다. 그러나 대부분의 소규모 사업장에서 산업안전보건법과 중대재해처벌법을 준수하지 못하고 있다. 특히 중대재해처벌법의 요구사항이 너무 광범위하고 불분명하다. 이러한 불확실성이 관리 비용을 증가시키는 요인이 되기도 한다.[74]

기업에서 중대재해가 발생하면 위 두 법에 따라 처벌을 받는다. 같은 위반 사항이 있더라도 중대재해가 발생하지 않으면 아무 처벌도 받지 않는다. 안전관리가 유사한데도 결과에 따라 처벌이 달리 이루어진다. 중소 규모 사업주는 법 적용이 불공정, 복불복이라는 생각이 팽배한 이유이기도 하다.

법이 모든 산재 사망사고를 예방하지 못한다. 중대재해처벌법도 안전보건 관리체계 구축을 의무로 규정하고 있지만 체계구축이 사망사고 예방을 위한 완벽한 수단은 아니다. 왜냐하면 사고는 우리가 예측할 수도, 못할 수도 있는 여러 가지 원인이 복합적으로 작용하여 발생하는 것이기 때문이다. 그리고 법은 항상 기술 발전과 사회 현상을 앞서서 규제하지 못한다. 특히, 기술을 규제하는 법은 더욱 그렇다.

일터에서 한 사람의 목숨도 잃지 않아야 한다. 안전의 우선 가치와 정밀한 안전관리가 필요하다. 이것을 이루기 위해 전사적인 안전 활동을 하면 법은 자연적으로 지켜지게 되고, 중대재해도 예방할 수 있다.

외국인 근로자 안전관리

우리나라는 급속도의 경제성장으로 인해 노동인구가 늘어났다. 증가하는 노동 수요에 비해 공급이 줄어들면서 1980년대 말부터 임금이 상승했다. 이러한 산업계의 노동력 공급 부족 문제를 해결하기 위해 외국인 근로자[19]를 유입하기 시작했다.[75] 1991년 합법적인 외국인 근로자 수급을 위해 산업연수생제도를 시행했지만 여러 가지 문제점이 발생했다. 이를 개선하기 위해 정부는 「외국인 근로자의 고용 등에 관한 법률」을 제정하여 2004년부터 고용허가제도를 도입하여 시행하고 있다.[76] 현재, 국내에서 취업 활동을 할 수 있는 체류 자격은 16가지 정도이다.

---

19 국제연합이나 국제노동기구 등 주요 국제기구는 '외국인근로자(foreign workers)'라는 용어보다 '이주노동자(immigrant workers)'라는 용어를 사용하나, 여기서는 국내 법률 등을 참고하여 외국인근로자로 용어를 통일한다.

<표 3-12> 취업 활동 비자 종류[77]

단기취업(C-4), 교수(E-1), 회화지도(E-2), 연구(E-3), 기술지도(E-4), 전문직업(E-5), 예술흥행(E-6), 비전문취업(E-9), 선원취업(E-10), 거주(F-2), 재외동포(F-4), 영주(F-5), 결혼이민(F-6), 관광취업(H-1), 방문취업(H-2)

2023년 국내 거주하는 15세 이상 상주 외국인은 140만 명 정도가 된다고 한다. 이 중 취업자는 약 92만 명이고, 78.9%가 50인 미만 소규모 사업장에서 일을 하고 있다.[78] 대략 72만 명이 넘는 숫자다. 23년 말 기준 산재보험에 가입한 50인 미만 사업장의 근로자는 총 123십만 명 정도가 된다. 전체 50인 미만 사업장 근로자의 약 6% 정도가 외국인 근로자이다. 그런데 산업현장에서 체감하는 정도는 외국인 근로자가 훨씬 더 많게 느껴진다. 특히 건설업과 제조업, 농업, 어업이 그렇다.

2023년 산업재해로 812명이 업무상 사고로 사망했다. 이 중 50인 미만 사업장이 78%(637명)를 점유한다. 637명 중 50억 미만 소규모 건설 현장이 38%로 제일 많이 발생하고 있다. 2023년 사고사망자 812명 중 외국인 근로자는 85명이 사망했다. 이는 전체의 10.5%이다. 이 중 50인 미만 사업장이 57명으로 67%를 점유하고 있다. 이처럼 작업자의 사망사고는 낮은 계층에서 자주 발생한다.[79] 외국인 근로자의 사망사고가 많이 발생하는 것은 결코 우연이 아니다.

<표 3-12> 2023년 50인 미만 소규모 업종별 사망자 현황

구분	합계	건설업	제조업	운창통[20]	서비스 등
전체 사망자	637	244	128	75	190

---

20 운창통은 운수업 · 창고업 · 통신업을 말한다.

구분	합계	건설업	제조업	운창통[20]	서비스 등
(점유율)	*(100)*	*38.3*	*20.1*	*11.8*	*29.8*
외국인 사망자	57	33	17	0	7
(점유율)	*(100)*	*(57.9)*	*(29.8)*	*(0)*	*(12.3)*

2023년 내·외국인을 포함한 국내 사고사망 만인율은 0.39‰이고, 외국인 근로자 사고사망 만인율은 0.53‰로 추정된다. 이는 외국인 근로자 사망사고 발생 확률이 전체 근로자 대비 약 1.4배 높다는 뜻이기도 하다.[80]

이렇게 외국인 근로자의 사고사망자 비율이 높은 이유는 국내 고용의 구조적인 문제와 소규모 사업장이 가지고 있는 몇 가지 특징이 더해진 것이다. 외국인 근로자는 내국인 기피업종에 대한 보충적 인력으로서의 성격이 강하다.[81] 소규모 사업장에 외국인 근로자가 집중되는 이유이기도 하다. 소규모 사업장은 재정 등의 여건이 어려워 작업환경이 대기업에 비해 열악하다. 소규모 사업장 중에서도 작업환경이 더 불리한 곳에 외국인 근로자가 많이 종사한다.

외국인 근로자는 언어의 문제로 상대적으로 의사소통이 부족하다. 안전보건 정보 접근에 대한 권한도 불리하다. 불법 체류·단기 체류 등 불리한 체류 자격으로 인해 안전보건 관리에 사각이 발생한다.[82][83] 잦은 이직에 따른 작업환경 변화로 안전 작업방법에 대한 경험이 축적되지 않는 이유도 있다.

2024년 8월 13일 정부는 화성 화재 사고 대책의 일환으로 "외국인 근로자 및 소규모 사업장 안전 강화 대책"을 발표했다. 외국인 근로자가 주로 근무하는 소규모 사업장의 안전관리 수준을 높이고, 외국인 근로자들이 내실 있는 안전교육을 받도록 하는데 주안점을 두었다. 추진 과제는 4개 범주 12개 과제이다.

〈표 3-14〉외국인근로자 및 소규모 사업장 안전 강화 대책[84]

1.	화재 · 폭발 예방 및 건설업 안전 인프라 강화
	가. 화재 · 폭발 예방 설비 지원 확대
	나. 건설업 산업안전보건 관리비 인상 등 안전 인프라 강화
	다. 스마트 안전장비 확산 지원
2.	외국인 근로자 산업안전교육 강화 및 특화 지원
	가. 모든 외국인 근로자(92만영)에게 산업안전교육 확대
	나. 찾아가는 · 체험중심 · 업종특화 산업안전교육
	다. 쉽게 이해 · 활용 가능한 콘텐츠(모국어 번역, 그림 등) 확산
	라. 언어 장벽 해소로 안전하게 일할 수 있는 환경 조성
3.	취약 사업장 안전관리 지원 및 점검 강화
	가. 위험 요인 발굴-개선-공유 집중지원 · 점검으로 위험성 평가 효과제고
	나. 소규모 사업장이 더 쉽게 위험성 평가를 할 수 있는 인프라 지원
	다. 위험 요인 발굴 · 개선 강화 중심으로 취약사업장 점검 및 지원
4.	안전 문화 확산 및 인프라 확충
	가. 사업주, 외국인근로자 등 모두의 안전 의식 제고
	나. 소규모 사업장 안전관리에 활용할 수 있는 인프라 확충

우리나라는 상주 외국인이 이미 140만 명을 넘었고, 취업자도 92만 명을 넘었다. 외국인 근로자는 이미 우리 사회의 구성원으로서 함께하고 있다. 앞으로도 작업의 자동화가 진행된다고 하더라도 저출산 고령화가 세계에서 가장 빠른 우리나라는 외국인 근로자의 비율이 점점 높아질 것이다. 어쩌면 사고의 점유율도 점점 높아지고 문제가 더 심각해질 것이다.

외국인 근로자의 사고를 줄이는 방법은 정부가 대책으로 발표했지만, 무엇보다 중요한 것은 우리 문화에 적응할 수 있도록 배려해야 한다. 정주 여건도 좋게 마련해 줘야 한다. 기숙사로 아파트나 원룸을 제공해 주는 등 많이 좋아지고는 있지만 아직도 열악한 곳도 있다. 한국어도 가르쳐 주어야 한다. 그래야 사업장 경영(품질, 환경, 안전)시스템이나 사회시스템에 빨리 적응할 수 있는 길이기 때문이다.

그동안 외국인 근로자에 대한 태도는 시장성과 이민 통제에 근거하여, '단기적·보충적·통제적 노동력'으로서의 대우에 치우쳤다면,[85] 앞으로는 우리 사회의 구성원으로서 외국인 근로자를 바라봐야 한다. 외국인 근로자가 없으면 국내 소규모 건설 현장과 제조업은 문을 닫아야 한다. 그 사실을 직시해야 한다. 내·외국인 근로자의 안전 가치가 같아야 한다. 과거 경부고속도로를 건설하면서 사망한 근로자와 광산에서 사망한 근로자를 위한 위령비를 세우고 산업 전사로 부르지 않았던가?

□ 안전 항해

모든 것이 순조롭고 아무 문제가 없을 때는
진정한 회복력을 키울 수 없다.
– 토비아스 뤼트케[Tobias Lütke] –

이 책의 제1부에서는 국내 산업안전의 주요 역사, 사고의 발생과 산업안전의 문제, 안전이 어려운 이유에 대해 알아보았다. 제2부에서는 OSHM 시스템을 왜 해야 하는가에 대해 과거 안전 모델과 기술의 한계, OSHM 시스템의 필요성과 그 구성에 대하여 설명했다. 제3부의 전반부에서는 어떻게 하면 OSHM 시스템을 현장에서 잘 운영할 것인가와 시스템 평가 도구, 최근의 안전 이슈에 대한 설명도 있었다.

이 장에서는 안전한 항해를 위해 OSHM 시스템과 더불어 더 나은 산업안전을 모색할 것이다. OSHM 시스템이 안전을 완벽하게 보장하지는 않는다. 시스템도 변해야 한다. 현대는 기술이 주도하는 복잡한 시대다. 빠른 속도의 변화에 빠른 적응도 필요해졌다. 시스템도 적응에 실패하거나 환경에 따라 변화하지 않으면 효과를 상실한다. 실패에 대한 조직이나 시스템의 안전 탄력성을 높여야 한다. 효과적인 안전관리는 장기간의 신체 단련 프로그램과 비슷하다.[86]

작업 현장과 가정에서도 IoT[21] 기술이 일반화되고, 협업 로봇(Cobot)[22]과 더나아가 AI가 생산을 주도하는 시대가 가까운 미래에 도래할 것이다. 일부 산업

---

21 사물인터넷(Internet of Things)은 각종 사물에 센서와 통신 기능을 내장하여 인터넷에 연결하는 기술을 말한다. 개인과 가정, 공공 부분에 이미 많이 사용하고 있다.

22 인간과 같은 공간에서 작업하면서 인간과 물리적으로 상호작용을 하는 로봇을 말한다.

에서는 이미 기술의 적용을 시작했다. 이러한 기술이 산업에 일반화되면 지금까지와는 다른 형태의 위험이 나타날 것이다. 안전 규칙이나 수칙이 만들어지기도 전에 기술과 위험이 새롭게 변해 버리기도 한다. 점점 심해지는 동적인 환경에 맞는 안전관리를 위해 OSHM 시스템을 기반으로 조직의 안전 역량 개발과 지속적인 자원의 제공이 필요하다.

올바른 안전 투자

국내에서 안전관리에 관심을 가지도록 한 몇 건의 큰 사고가 있었다. 대표적대형 사고가 2014년 세월호 참사다. 앞에서 언급했듯이 그 외에도 많은 사건사고가 산업현장에서도 발생했다. 그때마다 땜질식 처방과 법령의 제·개정도이루어졌다. 이렇게 산업안전이 단편적으로 발전해 왔고, 그런 가운데 산재 사망자도 조금씩 줄어왔다.

2018년 고 김용균 씨 사망사고를 계기로 산업안전보건법 전면 개정이 이루어졌고, 이후 중대재해처벌법이 제정되면서 산업안전 관련 법령이 강화되었다. 또한 전 정부에서 교통사고, 자살, 산재 사망사고 절반 줄이기 정책을 추진하면서 고용노동부 산업안전감독관 수도 1.8배 가까이 증가했다.[87] 안전 전문기관 예산도 2.6배[23] 정도 증가하였다.

기업에서는 중대재해처벌법이 시행되면서 법 제4조 제1항 제1호[24] 준수를

---

23 2017년 약 5천억 원에서 2022년 1조 3천억 원까지 증가하였다. 이 금액은 인건비와 사업비 모두를 포함한 금액이다.

24 법 제4조 제1항 제1호: 재해예방에 필요한 인력 및 예산 등 안전보건 관리체계의 구축 및 그 이행에 관한 조치
시행령 제4조 제4호: 다음 각 목의 사항을 이행하는 데 필요한 예산을 편성하고 그 편성된 용도에 맞게 집행하도록 할 것
가. 재해예방을 위해 필요한 안전보건에 관한 인력, 시설 및 장비의 구비

위해 과거에 비해 많은 예산을 편성 · 집행하고 있다. 대기업을 중심으로 안전보건에 많은 예산을 사용한다. 최근 들어 사업장 관계자들이 안전관리에 돈이 너무 많이 든다고들 말한다. 정말로 돈이 많이 드는 것인지 아니면 그간 안전에 투자가 너무 소홀했기 때문에 더 크게 느껴지기 때문이 아닌지? 돈을 비효율적이고 비효과적으로 사용하고 있는 것은 아닌지? 생각해 볼 여지도 있다. 안전관리에 돈이 필요한 것은 맞지만 막대한 재정적 비용이 꼭 수반될 필요는 없다.

안전관리의 투자는 몇 가지 관점에서 생각해 보면 비용의 누수를 적게 하고, 안전을 확보하는 길이다.

첫째, 안전은 기업의 이익과 지속 가능 경영을 포함한 조직 목표를 달성하기 위한 전제조건이다. 안전에 대한 투자도 이러한 관점에서 이루어져야 한다. 과거에는 안전이 다른 목표와 충돌하여 발생하는 손실을 방지하려면 절충(trade-off) 또는 균형(balance)이 필요하다는 주장이 대세였다. 현대에서 이런 주장과 믿음은 완전히 잘못된 것일 수도 있다. 역사적으로 생산과의 절충으로 인해 대형 사고가 발생했고, 막대한 재정적 손실을 초래해 기업이 몰락한 사례가 많다. 1984년 인도 보팔 참사를 일으킨 유니언카바이드[25]가 대표적이다. 재정이 어렵다는 이유로 안전에 투자하지 않았고, 안전관리가 전혀 이루어지지 않았다.

둘째, 안전 투자는 가장 효과적인 활동에 집중하여야 한다. 많은 기업은 사건이 너무 많아 모두 깊이 있게 조사하지 못하거나, 겉으로 나타난 피상적인 분석만 한다. 조직은 나타난 증상을 발견하고 수정하거나 개선하지만 다른 데서 사

나. 제3호에서 정한 유해 · 위험 요인의 개선

다. 그 밖에 안전보건 관리체계 구축 등을 위해 필요한 사항으로서 고용노동부 장관이 정하여 고시하는 사항

25 유니언카바이드는 1917년 설립하였고, 1984년 보팔 사고 후 각종 소송에 휘말렸다. 인도 정부와의 기나긴 협상 끝에 1989년에 4억 7000만 달러를 지불하였다. 2001년 미국의 다우 케미컬이 유니언카바이드사를 인수하였다.

건이 발생한다. 두더지 잡기 게임을 한다. 사건이나 증상을 심층 조사하고 시스템적 요인을 수정하면 사고 건수를 몇 배로 줄일 수 있는데 말이다. 두더지 잡기 게임만을 고집하면 막대한 자원이 투자 이익 없이 소비될 수 있다.[88]

셋째, 가장 위험한 것을 개선하는 데 우선 투자한다. 사업장의 위험은 작업자가 가장 잘 알고 있다. 작업자가 중대재해가 발생할 우려가 있다고 하는 기계설비나 장치를 먼저 개선해야 한다. 쉬운 것부터가 아닌 위험한 것부터 개선이 이루어져야 한다. 개선은 전문가의 의견을 들어 제거 · 대체 · 통제의 순으로 해야 한다. 이때는 다른 위험이 생기지 않도록 유의해야 한다.

넷째, 설계부터 안전 비용을 투입한다. 설계 때부터 안전을 반영하지 않으면 운영 중에 사고가 발생하기도 한다. WAI(Work as imagined)와 WAD(Work as done)에 차이가 발생한다. 이 차이로 인해 운영 중에 안전조치 또는 안전장치 등을 추가하는 데 훨씬 비용이 든다. 아래 그림은 WAI와 WAD 조직의 목표와 현위치 차이를 나타낸 것이다.

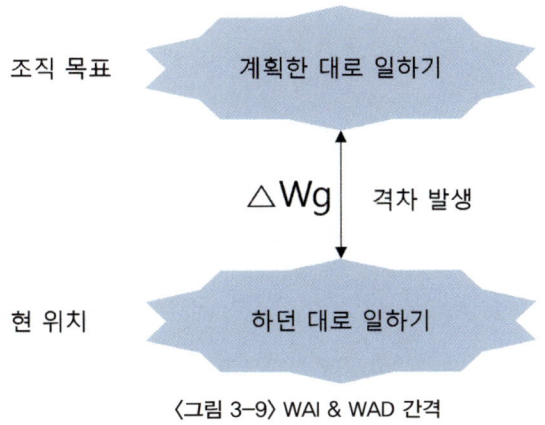

〈그림 3-9〉 WAI & WAD 간격

사고가 발생하지 않거나 위험이 감소했다고 인식하면 경영자는 안전에 대한 투자를 비용으로 여길 우려가 있다. 유인 우주선 컬럼비아 폭발 사고 이전 NASA는 위험이 감소했다는 이유 등으로 시스템 안전 노력에 소홀했다. 그 결과로 결국 컬럼비아호 폭발 사고가 일어났다. 국내 기업의 일부 경영자도 NASA와 똑같은 생각과 행동을 한다. 제조공장의 경영자를 면담해 보면 우리 사업장은 위험한 작업도 없고 사고도 발생하지 않아 안전하다고 인식하고 있다. 사고의 숫자를 안전의 결과로 인식하는 경향이 지배적이다. 이런 인식하에서는 안전에 대한 투자가 이루어지지 않는다. 이런 현상이 만연하면 필연적으로 사고가 일어난다.

안전 전문가 중에는 사고는 피할 수 없고 우연히 발생한다고 강력히 주장하는 사람이 있다. 필자는 이런 주장을 하는 것이 안전관리의 부적절한 노력에서 비롯되었다고 생각한다. 사고 원인을 심층적으로 조사·분석하면 사고 원인이 임의적이지 않다는 것을 알 수 있다. 방호조치의 부재나 결함, 조직적 문제, 작업 상황, 시스템 결함, 휴먼 에러 등등 모두가 원인이 있다. 단지 우리가 모든 원인을 밝히지 못할 뿐이다.

안전관리의 시대

오늘날 비즈니스의 환경은 안전 기능에 영향을 주는 방향으로 패러다임이 전환하였다. 조직구조가 계층적 구조에서 수평적 구조로 변화하고, 자본과 권력을 동일시하던 것이 지식과 권력을 동일시하는 것으로 바뀌었다. 또 국내에서만 활동하던 기업경영이 글로벌 시장경영으로 진화했다. 조직 내 개인 위주의 활동에서 팀 활동에 집중하는 방식으로 이미 전환하였거나 진행 중이다.

비즈니스 패러다임 변화	과거 안전 비즈니스	향상된 안전 비즈니스
• 자본=권력 ↓ 지식=권력	• 안전은 지출(비용)	• 안전은 회사의 가장 중요한 자산(사람)의 투자
• 계층적 조직 ↓ 수평적 조직	• 안전관리는 행위자 • 감독자는 집행자 • 정책과 절차를 통한 지시와 통제	• 안전 전문가는 촉진자, 컨설 턴트, 지도자
• 국내 시장 ↓ 글로벌 시장	• 단일 문화의 교재와 접근 • 해외 공장의 낮은 안전 표준	• 문화적 다양성은 안전관리 접근방식에 영향을 미침 • 보편적 안전, 건강, 환경 표준
• 개인 업무에 집중 ↓ 팀 기반	• 안전은 안전 부서의 책임 • 안전이 "팀" 구조에 미포함	• 교육훈련을 받은 직원이 이 전에 전문가가 수행했던 안 전 역할을 수행

이러한 오늘날의 비즈니스 환경에 맞는 안전관리는 파편화된 방식이 아닌 시스템을 기반으로 관리하여야 한다. 각 사업장의 특성과 상황에 맞게 이루어 져야 한다는 것이다. 기술 기업과 같이 생산 기술이 빠르게 변화하고 다이나믹 한 기업은 안전관리도 이에 맞게 동적인 변화관리에 초점을 둘 필요가 있다. 화 학공장은 많은 인력이 불필요한 공정이 생산의 핵심이다. 그래서 안전관리도 설비를 포함한 공정관리에 맞출 필요가 있다. 건설업은 공사 종류와 방법, 시기 에 따라 안전관리도 변화하면서 수행하여야 한다. 장비를 많이 사용하는 공사 는 그에 따른 안전관리가 중점적으로 이루어져야 한다. 사업의 종류나, 작업환 경과 상황에 따라 안전관리 방식을 달리 적용해야 한다. 기업에서 추구하는 경 영 가치와 방향도 안전관리에 반영해야 한다. 그 중심에 OSHM 시스템이 있어 야 가능하다. 그렇다고 소규모 기업[26]의 경우는 반드시 시스템일 필요는 없다.

---

26 중대재해처벌법 적용이 제외되는 규모는 상시근로자 5인 미만 기업이지만, 유럽의 경우 10인 미만 기업

소기업은 작업장 위험 관리에 집중하면 더 효율적인 안전관리를 할 수 있다.

최근 국내 기업들이 작업장의 안전 문화를 측정하고 컨설팅을 받아 개선하는 등 안전 문화를 기반으로 안전관리를 추진하는 경우가 있다. 기업의 정확한 안전관리 수준의 진단 없이 다른 회사를 따라 하거나 그냥 새로움을 목적으로 안전 문화를 추진하는 것은 바람직하지 못하다. 시스템이 채 내재화되기도 전에 안전 문화의 추진은 허상을 좇는 일일 수 있다. 설문만을 사용한 안전 문화의 측정은 성과를 강조하는 조직에는 왜곡을 초래할 수 있어 안전관리가 더 부실해질 우려가 있다. 실제 안전 문화를 추진하는 대기업에서 정말 어처구니없는 사고가 발생하기도 한다.

자율주행과 무인 시스템의 확대, AI와 로봇이 생산의 주류가 되고, 인간이 생산의 보조자이거나 협력자가 되는 시대가 멀지 않았다. 산업현장에서 위험은 새로워지고, 시스템의 오류에 의한 사고가 더 대형화될 우려도 있다. 기후변화도 점점 더 작업자를 위협하고 있다. 안전관리가 더 복잡해지고, 중요한 시대가 될 것임이 자명하다. 안전관리의 핵심 기둥을 OSHMS로 삼아 효과적이고 효율적으로 산재 예방을 하자.

OSHMS를 넘어

과학과 기술의 발전 속도가 너무도 빠르다. 수요에 따른 공급 부족으로 인건비는 상승하고 일손 부족으로 외국인 근로자가 폭증하고 있다. 국제화된 경쟁으로 기술과 생산 압박이 더 심해졌다. 노동 구조는 점점 열악해지는데, 새로운 위험이 생기고, 객관적인 위험도 증가하고 있다. 시스템에 적응하거나, 경험할

을 마이크로 기업이라고 하여 정부에서 많은 지원을 하고 있다.

시간도 부족하다. 현대의 사회 현상이며, 앞으로도 환경이 더 나아지리라는 보장도 없다. 현대의 급변하고 예측이 어려운 시대에 완벽하게 안전을 확보할 수 있는 모델이나 방법론이 있는가? 현재까지는 없다가 답이다. 산업현장에서 더 나은 안전관리를 위해 모델이나 방법론을 찾는 데 힘을 빼기보다 해 오던 안전관리 방법에 새로운 방식을 추가로 적용하는 것이 올바른 방법일 수 있다.

Safety-I에 Safety-II를 더하고, 멘탈 방식에 시스템 방식을 보태고, 블랙 스완과 회색 코뿔소를 경계해야 한다. 안전관리에 단일 방법과 방식이란 없다. OSHMS가 안전관리에 있어 유용한 도구다. 기업에서 OSHMS의 운영이 세계적인 추세이기도 하다. 그렇다고 OSHMS가 안전관리 전부를 완벽하게 담보하지 못할 수 있다. 한 가지 방식으로 이 복잡하고 동적인 사회에서 사고를 예방하기란 어렵다. OSHMS에 의한 안전관리를 넘어서기 위해서는 개인, 조직과 기업의 안전관리 역량 개발과 향상이 필수다. 안전 역량이 기업의 미래 가치이기도 하다. 역량 없이는 다른 기업의 안전관리를 흉내 내기에 급급할 것이다. 시스템 수준도 낮을 수밖에 없다. 최일선에서 작업에 대한 의사결정을 할 수 있도록 전문성을 갖추어야 한다. 높은 전문 역량으로 OSHM 시스템의 현장 작동성을 강화하고 평가와 개선을 지속하면 사고를 예방할 수 있다.

안전관리의 초점을 어느 쪽에 두어야 하는가? 사고가 발생하기 전에 둘 것인가? 사고 이후에 둘 것인가? 당연히 산재 사망사고는 예방에 초점을 맞춰야 한다. 100%의 자원을 사고가 나기 이전에 쏟아야 한다. 건설 현장이나 제조 작업장에서 사고가 발생한 후에는 아무런 할 일이 없다. 법적인 대응 외에는⋯ 법대응을 위해 안전 역량을 우측에 남기는 것은 어리석은 일이다. 시스템 사고나 재난도 예방에 훨씬 많은 자원을 할당해야 한다. 재난이 일어난 이후에는 대응과 복구만이 할 일이다.

〈그림 3-12〉 산업안전관리의 초점

　매년 산재로 인한 사망자는 2,000명 정도에 달한다. 일하다가 사고로 인한 사망은 약 800명 정도이다. 질병으로 인한 사망자도 약 1,200명에 이른다. 다수의 국민은 산재 사망의 심각성을 잘 모른다. 언론에서 몇 명이 동시에 사망하는 사고가 발생했다고 해야만 안전이 중요하다는 것을 느끼지만 금세 잊는다. 그런데 경제적 손실을 이야기하면 약간은 달라진다. 산업재해로 인한 경제적 손실이 31조가 넘는다고 하면 너무나 엄청난 금액이라고 깜짝 놀라기도 한다. 왜 사람의 목숨에는 관심이 적고 경제적 손실을 더 크게 보는 것인가?

　누구나 일하다가 사망할 수도 있다. 그런데 사람들은 산재 사망사고에 관심이 없고 무디다. 거기에는 희망도 내포하고 있는 것 같다. 나와 내 가족은 그럴 일이 없다고 말이다. 그런데 그렇지 않다. 산재사고로 사망하는 분들 또한 나와 다르지 않은 사람들이다. 집에서는 가장이고 누구의 아버지, 어머니이고, 남편과 아내이며, 아들, 딸들이다. 생명의 소중함을 알아야 한다. 경제적 논리보다 우선해야 한다. 이제는 산재 지표를 발표할 때 경제적 손실은 빼자. 그냥 정책 만들 때 활용만 하자. 목숨을 경제적 가치로 논하는 자체가 미개하지 않은가? 생명을 존중하는 사회를 후손들에게 물려주자. 함께 안전한 대한민국을…

| 참고문헌 |

프롤로그

[1] Klaus Schwab(송경진 옮김). (2016/2016). "The fourth industrial revolution (클라우스 슈밥의 제3차 산업혁명)

[2] Ulrich Beck(홍성태 옮김). (1986/2019). Risikogesellschaft: Auf dem Weg in eine andere Modeme(위험사회-새로운 근대성을 향하여)

제 I 부 무엇이 잘못되었는가?

[1] 한국산업안전보건공단. (2017). 안전을 넘어 행복을 넘어-한국산업안전보건공단 30년사

[2] 이재현. (2023). 미 군정기 노동환경 및 규범의 노동법제 영향 분석.

[3] 1945년 11월 서울 중앙극장에서 전국적 중앙조직인 전평 결성 당시 규모가 1,194개 노조, 574,485명이었다. 1946년 3월에는 전평과 별도로 대한독립촉성노동총연맹(대한노총)이 결성되었다. 이재현(2023)의 "미 군정기 노동환경 및 규범의 노동법제 영향 분석" 논집에 나오는 내용이다.

[4] 1946년 179건(57,434명 참가), 1947년 134건(35,210명 참가)의 노동쟁의가 발생하였다. 이재현(2023)의 "미 군정기 노동환경 및 규범의 노동법제 영향 분석" 논집에 나오는 내용이다.

[5] 고용노동부. (2015). 산업안전보건법 제ㆍ개정사

[6] 이재현. (2023). 미 군정기 노동환경 및 규범의 노동법제 영향 분석.

[7] 고용노동부. (2015). 산업안전보건법 제ㆍ개정사. 한국산업안전보건공단. (2017). 안전을 넘어 행복을 넘어-한국산업안전보건공단 30년사. 근로기준법(1953년) 제정 이유

[8] 송병건. (2015). 산업재해의 탄생

[9] 대한산업안전협회. (2014). 국민 안전의 디딤돌, 50년의 노력-대한산업안전협회 50년사

[10] 한국산업안전보건공단. (2018). 안전보건 상생 협업 고도화 전략에서 발췌 및 수정

[11]   한국산업안전보건공단. (2018). 안전보건 상생 협업 고도화 전략에서 발췌 및 수정

[12]   고용노동부(moel.go.kr). 선진국 산업안전보건법 체계 산업안전보건연구원. (2017). 산재예방 5개년 계획의 정책추진 및 대응방안 연구

[13]   대한산업안전협회. (2014). 국민 안전의 디딤돌, 50년의 노력-대한산업안전협회 50년사

[14]   한국산업안전보건공단. (2017). 안전을 넘어 행복을 넘어-한국산업안전보건공단 30년사

[15]   고용노동부 '2022년도 성과관리 시행계획(2022.3월)' 상 산업안전감독관 수임

[16]   압축성장의 고고학(장덕진 외 2015)에서 1945년 이후 현재까지 한국의 사회복지를 다섯 개의 시기로 나누고 있다. 1962년부터 1986년까지 제2로 고도성장기로, 성장이 곧 복지로 치환되고 복지는 낭비로 인식되던 시기로 본다.

[17]   조선일보 2021.5.27.(목) A10면의 기사 제목

[18]   카를 와익, 캐서린 섯클리프(포스코경영연구소 옮김). (2014). 신뢰받는 조직의 안전 경영

[19]   KBS 일하다 죽는 사람들…"산업재해는 기업범죄"(KBS, 2020. 9. 16.).

[20]   김재윤. (2014). 영국의 기업 과실치사법에 대한 고찰과 시사점

[21]   세계일보, 2020.4.28. 011면의 내용에서 발췌

[22]   고용노동부 공식 통계로 2018년 산재사고 사망자 수 971명에서 2019년 산재사고 사망자 수 855명으로 감소하였다.

[23]   관계 부처 합동. (2019). "공공기관 작업장 안전 강화 대책" 중에서 약 5년간 공공기관의 발주 공사와 해당 작업장에서 발생한 재해 현황임

[24]   관계 부처 합동. (2019). 공공기관 작업장 안전 강화 대책

[25]   Morgan Housel(이수경 옮김). (2024). Same as Ever(불변의 법칙)

[26]   나무위키(namu.wiki). (2024.6.6.). 토야마루 침몰 사고

[27]   한겨레21(h21.hani.co.kr/arti/society/society_general/48636.html, (2020.05.08.)에 게재된 사진

[28]   부산일보(http://www.busan.com/view/busan/view.php?code=19990811001022). '암남동 냉동창고 화인 증거불충분' 공사관계자 8명 무죄판결

[29]   고 김용균 사망사고 진상규명과 재발 방지를 위한 석탄화력발전소 특별노동안전조사위원회. (2019). 고 김용균 사망사고 진상조사 결과 종합보고서

[30] Peter Sandman의 홈페이지(www.psadmen.com)에서 발췌

[31] 서울교통공사 홈페이지 기관 조직도

[32] 한국고용연구원. (2020). 6~7차년도 사업체 패널조사 기초분석보고서

[33] 위키백과(ko.wikipedia.org/wiki/). (2024.6.6.). 세월호 침몰 사고

[34] 투명 사회를 위한 정보공개센터(opengirok.or.kr/4702). (2019.7.1.). 세월호 참사 이후에 해양 사고 오히려 늘었다.

[35] 미디어 오늘. (2016.9.15.). 세월호 '전원 구조' 오보가 단순 실수가 아니었다면? 의 기사 내용 중 발췌

[36] 오마이뉴스. (2014.5.21.). "세월호 '학생전원 구조' 최초 오보는 OOO"…왜?

[37] 미디어 오늘. (2021.04.16.). 세월호 7주기, "전원 구조" 오보원인 아직도 '불분명'

[38] 미디어 오늘. (2016.9.15.). 세월호 '전원 구조' 오보가 단순 실수가 아니었다면? 의 기사 내용 중 발췌

[39] 위키백과(ko.wikipedia.org/wiki/). (2024.6.6.). 세월호 침몰 사고

[40] SBS 뉴스. (2014.6.13.)

[41] 법률신문. (2016.3.3.). 대법원 "세월호 참사 후 자살 단원고 교감, 순직으로 볼 수 없어"라는 제목의 기사 내용이다.
세월호 참사 당시 단원고 강 교감은 "200명을 죽이고 혼자 살아가기에는 힘이 벅차다"라며 "나에게 모든 책임을 지워달라"라는 유서 남기고 진도실내체육관 인근 야산에서 스스로 목숨을 끊었다.

[42] 경향신문. (2017.5.29.). 세월호 수습 돕다 투신 경찰관, 3년 만에 순직 인정이라는 제목의 기사 내용이다.
진도 경찰서 소속 김모 경감이 희생자 시신 확인과 유가족 민원 돌보기 등의 업무를 하면서 얻은 우울증으로 진도대교에서 투신했다. 이후 3년 만에 최종 순직 처리되었다.

[43] 장덕진 외. (2015). 세월호가 우리에게 묻다; 재난과 공공성의 사회학

[44] 동아일보. (2015.9.7.). "세월호 겪고도…달라진 게 없었다" 기사에서 발췌

[45] 국가기록원(archives.go.kr). 서해훼리호 침몰사건

[46] Charles Perrow가 1999년 출간한 "정상 사고"에서 상호작용과 연계성에 따른 시스템 구분에서 중앙집권화와 분권화가 필요하다고 주장하였다. 상호작용이 복잡하고 연계성이 긴밀한 원자력 발전소 등은 상황에 따라 중앙집권화와 분권화 요구의 상

충이 일어난다고 보았다. 찰스 페로의 "Normal Accident"는 국내에서 "무엇이 재앙을 만드는가? (김태훈 옮김. 2013)"로 출간하였다.

[47] 위키백과(ko.wikipedia.org/wiki/). (2024.11.6.). 밀양 세종병원 화재

[48] 소방방재신문(fpn119.co.kr/90663). (2018.1.26.). "밀양 세종화재로 37명 사망 143명 부상(종합)" 기사에서 인용

[49] 보건복지부(2018.1.29.), 현장 앨범: 밀양 세종병원 화재 수습 및 지원 현황 브리핑

[50] 이의평. (2019). 사례연구: 밀양 세종병원 화재의 다수 사상자 발생 원인 분석

[51] 위키백과(ko.wikipedia.org/wiki/). (2024.12.2.). 밀양 세종병원 화재

[52] 위키백과(ko.wikipedia.org/wiki/). (2024.12.2.). 제천 스포츠센터 화재

[53] 국가통계포털(kosis.kr, 2024)의 화재 관련 통계를 연도별로 재편집

[54] 국가통계포털(kosis.kr, 2024)의 화재 관련 통계를 연도별로 재편집

[55] 오카다 코세이. (2015). "군중의 인재 예방과 안전관리"에서 발췌

[56] 경향신문(khan.co.kr/article/20221029800001). (2024.12.2.). "2017년 oo중공업 크레인 참사는 아직도 진행 중이다." 기사에서 발췌

[57] 한산신문(hansannews.com/news/articleView.html?idxno=53925). (2017.5.3.), "삼성重 크레인 충돌사고, 3월에도 있었다" 기사에서 인용

[58] 매일노동뉴스(labortoday.co.kr/news/articleView.html?idxno=209572) (2022.06.24.). "'크레인 참사' 00중공업, 5년 만에 '유죄' 확정"에서 발췌

[59] 한국산업안전보건공단. (2013). HDPE 공장 사일로 폭발 사고

[60] 오마이뉴스(ohmynews.com/(2013.3.19.) '여수 폭발 참사' 0000이 답해야 할 네 가지 의문

[61] Charles Perrow(김태훈 옮김). (1999/2013). Normal Accident(무엇이 재앙을 만드는가?)

[62] 나무위키(namu.wiki). (2024.12.2.). 화성 일차전지 제조공장 화재 사고

[63] 한국산업안전보건공단. (2024). "리튬-염화티오닐 1차 전지 제조공정의 이해"에서 발췌

[64] 한국산업안전보건공단. (2024). "리튬-염화티오닐 1차 전지 제조공정의 이해"에서 발췌

[65] 일본 릿교대학교 교통심리학 교수인 하가 시게루가 후쿠치야마선 탈선 사고와 관련하여 쓴 책을 2023년 김현욱이 옮겨 발간한 "궤도이탈"에서 발췌

[66] 송석진. (2018). "민간 재해예방기관의 산업재해예방 실태에 관한 연구-안전관리 전문기관 중심" 석사 논문에서 1964년부터~2019년까지 근로자, 재해율, 사망만인율 추이를 인용

[67] 한국산업안전보건공단 홈페이지(kosha.or.kr)에서 인용

[68] 임현진 외. (2003). "한국 사회의 위험과 안전"에서 한국 사회의 근대화를 돌진형 근대화로 기술하고 있다.

[69] 조선일보(chosun.com). (2022.2.8.). "참사 겪은 이 도로, 나흘 전과 똑같다" 기사에서 사고 발생 4일 후 인근 도로 모습 인용

[70] Hellene Joffe(박종연 · 박해광 옮김). (1999/2002). Risk and 'the Other'(위험사회와 타자의 논리)에서 주장한 것으로 위험의 대상을 '내가 아닌', '내가 속한 집단이 아닌' '타자'로 여김으로써 걱정을 완화하는 사회적 표상을 형성함으로써 불안을 통제한다는 것이다. 사고는 내가 아닌 다른 사람의 일이다.라는 것과 연결된다고 볼 수 있다.

[71] Paul Slovic, Baruch Fischhoff, Sarah Lichtenstein. (1978). Accident probabilities and seat belt usage: A psychological perspective

[72] Naatanen, R., & Summala, H. (1975). Road-user behavior and traffic accident. Amsterdam: North-Holland
Svenson, O. (1981). Are we all less risky and more skillful than our fellow drivers? Acta Psychological

[73] Rethans, A. (1979). An investigation of consumer perceptions of product hazards. Doctoral dissertation, University of Oregon

[74] 김성준. (2019). 조직문화 통찰

[75] 한겨레(hani.co.kr). (2024.2.24.). oo제철 '가스 중독' 사망사고, 안전관리는 서류뿐이었나

[76] 조선일보(chosun.com). (2024.3.13.). 직원 22명인데 안전 서류만 37개…"서류 만드느라 현장 안전 볼 틈 없다."

[77] 매일경제(mk.co.kr). (1997.11.4.) 기사 제목

[78] 뉴시스(newsis.com). (2022.05.05.) 기사 제목

[79] 뉴시스(newsis.com). (2022.05.05.) 기사 제목

[80] Sidney Dekker. (2002). Punishing People or Learning from Failure? The choice is ours

[81] Reason, J. T. (1997). Managing the risks of organizational accidents. Aldershot, UK: Ashgate Publishing Co.

[82] Reason, J. T. (1997). Managing the risks of organizational accidents. Aldershot, UK: Ashgate Publishing Co.

[83] 송석진. (2018). 민간 재해예방기관의 산업재해예방 실태에 관한 연구-안전관리 전문기관 중심

[84] 한국산업안전보건공단. (2022). KOSHA Guide: 조직의 역할 책임 및 권한에 관한 지침

[85] Reason, J. T. (1997). Managing the risks of organizational accidents. Aldershot, UK: Ashgate Publishing Co.

[86] Hellene Joffe(박종연·박해광 옮김). (1999/2002). Risk and 'the Other'(위험사회와 타자의 논리)에서 대부분 사람은 위험에 대해 동료보다 자신이 영향을 적게 받을 것으로 생각하는 낙관적 편견과 위험사회에서도 대중은 자신만을 안전할 것이라 믿는다고 주장했다.

[87] 다음(daum.net) 어학사전

[88] 두산백과사전

[89] Hellene Joffe(박종연·박해광 옮김). (1999/2002). Risk and 'the Other'(위험사회와 타자의 논리)

[90] Geoffrey Rose가 주장한 "prevention paradox"에서 참고

[91] Jessie Singer(김승진 옮김). (2022/2024). There are no accident(사고는 없다)

[92] Reason, J. T. (1997). Managing the risks of organizational accidents. Aldershot, UK: Ashgate Publishing Co.

[93] P.M. Senge. (1990). The Fifth Discipline: The Art and Practice of the Learning Organization(Lodon: Century Business)

[94] A. Salonoemi & H. Oksanen. (1998). Accident and Fatal Accidents – some Paradoxes

[95] Robinson, J., Shor, G. (1989). Business-cycle influences on work-related disability in construction and manufacturing. Milbank Quarterly 67, 92—113.
Salminen, S., Saari, J., Saarela, K., Räsänen, T. (1992). Fatal and non-fatal occupational accidents: identical verus differential causation. Safety Science 15, 109—118.

[96] A. Salonoemi & H. Oksanen. (1998). Accident and Fatal Accidents – some Paradoxes

제II부 왜, OSHMS를 해야 하는가?

[1] Erik Hollnagel(홍성현 옮김). (2015/2016). Safety-I and Safety-II: The Past and Future of Safety Management (안전 패러다임의 전환 I)

[2] Yao Song. (2012). Applying System-Theoretic Accident Model and Processes (STAMP) to Hazard Analysis

[3] Sidney Deckker. (2019). Foundations of Safety Science: A Century of Understanding Accidents and Disasters

[4] Sidney Deckker. (2019). Foundations of Safety Science: A Century of Understanding Accidents and Disasters

[5] Heinrich H. w., Petersen, D., & Roos, N. (1980). Industrial accident prevention (5th ed.)

[6] Shappell & Wiegmann(2001)은 "문헌에서 언급된 인적 오류는 70~80%입니다"라고 했고, Rankin(2007)은 "비행기 사고의 약 80%는 사람의 실수가 원인이다"라고 하인리히의 주장을 그대로 받아들였다.

[7] Manuele, F. A. (2011). Reviewing Heinrich: Dislodging two myths from the practice of safety. Professional Safety, 56(10), 52-61.

[8] Sidney Deckker. (2019). Foundations of Safety Science: A Century of Understanding Accidents and Disasters.

[9] Deming, W.E. (1986). Out of the crisis. Cambridge, MA: Center for Advanced Engineering Study, Massachusetts Institute of Technology.

[10] Charles Perrow(김태훈 옮김). (1999/2013). Normal Accident (무엇이 재앙을 만드는가?) 머리말에서 인용

[11] Charles Perrow(김태훈 옮김). (1999/2013). Normal Accident (무엇이 재앙을 만드는가?)

[12] Perrow, C. (1999). Normal accidents, updated edition. New Jersey, NJ: Princeton University Press

[13] Verena Schochlow & Sidney Dekker. (2019). Foundations of Safety Science의 제8장 1980년대와 그 이후에서 인용

[14] Roberts, K. H. (1989). New challenges in organizational research: High reliability organizations. Organization & Environment, 3(2), 111-125

[15] La Porte, T. R. (1996). High reliability organizations: Unlikely, demanding and at

risk. Journal of Contingencies and Crisis Management, 4(2), 60-7 1

Roberts, K. H. (1989). New challenges in organizational research: High reliability organizations. Organization & Environment, 3(2), 111-125

Roberts, K. H. (1990). Some characteristics of one type of high reliability organization. Organization Science, 1(2), 160-176

[16] Weick, K. E., Sutcliffe, K. M., & Obstfeld, D. (1999). Organizing for high reliability: Processes of collective mindfulness. Research in Organizational 8ehavioκ 21, 81-124

[17] Vaughan, D. (2002). Singnals and interpretive work: The role of culture in a theory of practical action.

[18] Weick, K. E., Sutcliffe, K. M., & Obstfeld, D. (2008). Organizing for high reliability: Processes of collective mindfulness. Crisis management, 3, 81-123

[19] Sidney Deckker. (2019). Foundations of Safety Science: A Century of Understanding Accidents and Disasters

[20] Sidney Deckker. (2019). Foundations of Safety Science: A Century of Understanding Accidents and Disasters

[21] 국내에서는 2015년에 백주현 님이 "인재는 이제 그만"이라는 책으로 번역하여 발간 했다.

[22] Reason, J. T. (1997). Managing the risks of organizational accidents. Aldershot, UK: Ashgate Publishing Co.

[23] Reason, J. T. (1997). Managing the risks of organizational accidents. Aldershot, UK: Ashgate Publishing Co.

[24] Erik Hollnagel(홍성현 옮김). (2015/2016). Safety-I and Safety-II: The Past and Future of Safety Management(안전 패러다임의 전환 I)에서 인용·

[25] Nancy Leveson. (2002). A new accident model for engineering safer systems

[26] Chris Clearfield & Andras Tilcsik. (2018). MELTDOWN

[27] Klaus Schwab(송경진 옮김). (2016/2016). "The fourth industrial revolution(클라우스 슈밥 의 제3차 산업혁명)"에서 4차 산업혁명의 3가지 근거를 주장했다.
속도: 1차~3차 산업혁명과는 달리 선형적인 속도가 아닌 기하급수적으로 전개 중이 다. 이는 우리가 살고 있는 세계가 다면적이고 서로 깊게 연계되어 있으며, 신기술이 그보다 더 새롭고 뛰어난 역량을 갖춘 기술을 만들어 냄으로써 생긴 결과다.

범위와 깊이: 4차 산업혁명은 다양한 과학 기술을 융합해 개인뿐 아니라 경제, 기업, 사회를 유례없는 패러다임 전환을 유도한다. '무엇'을 '어떻게' 하는 것의 문제뿐 아니라 우리가 '누구'인가에 대해서도 변화를 일으키고 있다.

시스템 충격: 4차 산업혁명은 국가 간, 기업 간, 산업 간 그리고 사회 전체 시스템의 변화를 수반한다.

[28] Nancy Leveson. (2002). A new accident model for engineering safer systems

[29] Ulrich Beck(홍성태 옮김). (1986/2019). Risikogesellschaft: Auf dem Weg in eine andere Modeme(위험사회-새로운 근대성을 향하여)

[30] Dalrymple, H., Dyjack, D., Levine, S., Mansdorf, Z. (1998). Occupational Health and Safety Management Systems.

[31] Frick, K., Jensen, P.L., Quinlan, M., Wilthagen, T. (Eds.). (2000). Systematic Occupational Health and Safety Management.

[32] Makin, A.M., Winder, C. (2008). A new conceptual framework to improve the application of occupational health and safety management systems. Safety Science 46, 935–948.
Arocena, P., Nunez, I. (2010). An empirical analysis of the effectiveness of occupational health and safety management systems in SMEs.

[33] Quinlan, M., Mayhew, C., Bohle, P. (2001). The global expansion of precarious employment, work disorganization, and consequences for occupational health: placing the debate in a comparative historical context. International Journal of Health Services 31, 507–536.

[34] Zwetsloot, G.I.J.M. (2000). Developments and debates on OHSM system standardisation and certification. In: Frick, K., Quinlan, M., Langaa Jensen, P.,Wilthagen, T. (Eds.), Systematic Occupational Safety & Health Management: Perspectives on an International Development. Pergamon–Elsevier Science,Oxford, pp. 391–412.

[35] 유시민. (2023) "문과 남자의 과학 공부"에서 발췌

[36] 박주관. (2014). "시스템 경영"에서 발췌

[37] 나무위키(namu.wiki). 2023년 리비아 홍수

[38] Nancy G. Leveson. (2011). Engineering a Safer World: Systems Thinking Applied to Safety

[39] 인증받은 사업장과 인증을 받지 않은 사업장 간의 재해 현황이다(KOSHA, 2022).

[40] 나카무시 마사요시(김영석 옮김). (2016). 안전 의식과 안전 공학적 실천 방안

[41] 송석진. (2023). "공기업 안전 문화의 영향과 안전 인식에 관한 연구" 논문에서 인용

[42] Patrick Hudson. (2007). Implementing a safety culture in a major multi-national.

[43] Schein, E. (1992). Organizational Culture and Leadership, 2nd Edition. Jossey-Bass, San Francisco CA.

[44] Peter Bussey. (2018). 문화의 변화, LMS Research

[45] 국가공무원인재개발원. (2023). ESG 교육자료에서 발췌

[46] 송병건. (2015). 산업재해의 탄생

[47] DNV(dnv. com). (2023.1). ISRS Ensure the health of key processes

[48] OHSA(osha.gov/dcsp/vpp/ index.html). (2011). Voluntary Protection Program에서 인용

[49] Jensen, P.L., Jensen, J. (2003). Carrots and sticks –inspection strategies in Denmark.

[50] HSE. (2001). A guide to measuring health and safety performance, HSG 65, Health and Safety Executive, UK.
Needleman, C. (2000). OSHA at the crossroads: conflicting frameworks for regulating OHS in the United States.
OHSA(osha.gov/dcsp/vpp/ index.html). (2011). Voluntary Protection Program

[51] Zwetsloot, G.I.J.M. (2003). From management systems to corporate social responsibility.

[52] 한국산업안전보건공단. (1999). KISCO 2000 프로그램 해설

[53] 이준원 외. (2021). 안전보건 경영시스템 구축 및 인증 실무

[54] KSA(blog.naver.com/ksaqs/221292248387)의 "표준이란 무엇인가?" 카툰에서 발췌

[55] ISO(iso.org) 홈페이지

[56] 시스템코리아 인재개발원. (2022). "ISO 45001:2018 안전보건 경영시스템 국제심사원 과정" 교재 내용 재편집

[57] KS Q ISO 45001. (2018). 안전보건 경영시스템 요구사항 및 사용 지침

[58] 한국산업안전보건공단 교육원. (2020). "안전보건 경영시스템(KOSHA-MS) 인증 실무" 교재 내용 중에서 인용

[59] KOSHA. (2023). 안전보건 경영시스템(KOSHA-MS) 인증 업무 처리규칙

제 III 부 어떻게, OSHMS를 해야 하는가?

[1] Sidney Dekerr. (2019). Foundations of Safety Science: A Century of Understanding Accidents and Disasters

[2] R. Bruce McAfee and Ashley R. Winn. (1989). The Use of Incentives/ Feedback to Enhance Work Place Safety: A Critique of the Literature, Journal of Safety Research, Vol. 20. pp. 7-19

[3] Nancy G. Leveson. (2011). Engineering a Safer World: Systems Thinking Applied to Safety

[4] 송석진. (2023). "공기업 안전 문화의 영향과 안전 인식에 관한 연구"

[5] KOSHA. (2022). 2023년 공공기관 안전 활동 수준 평가 편람

[6] 이명환(2014)이 그의 저서 "시스템과 시스템적 사고"에서 주장했다.

[7] E. A. Locke, G. P. Latham. (1990). A theory of goal setting and task performance

[8] 리치 칼이드 & 마이클 말론(김성남, 오유리 옮김, 2017)이 지은 "팀이 천재를 이긴다"에서 발췌

[9] West, M. A. (2004). Effective Teamwork-Practical Lessons from Organizational Teamwork.

[10] Chemers, M. M. (2002). Meta-cognitive, social, and emotional intelligence of transformational leadership: Efficacy and Effectiveness. In R. E. Riggio, S. E. Murphy, F. J. Pirozzolo (Eds), Multiple Intelligences and Leadership.

[11] Northouse, P. (2006) Leadership: Theory and Practice. (4th ed.) London: Sage.
Manz, C. C. (1983). The art of self-leadership: strategies for personal effectiveness in your life and work. Englewood Cliffs. NJ: Prentice-Hall.

[12] Yukl, G. (2005) Leadership in Organizations (6th ed.). Upper Saddle River, NJ: Prentice-Hall International.

[13] Lewin, K., Lippett, R. & White, R. (1939) Patterns of aggressive behavior in experimentally created 'social climates' Journal of Social Psychology, 10, 271-299.에서 ①권위주의형은 중앙집권적 권한, 작업방법 지시, 일방적 결정과 직원의 참여를 제한하는 형이고, ②민주형은 구성원을 의사결정에 참여시키고 권한을 위임하며, 업무방법과 목표를 결정하는 데 참여하도록 권장하는 형, ③방임형은 최소한의 관여로 구성원들에게 의사결정의 자유를 주고, 요청인 있는 경우 자원을 제공하는 형으로 구분했다.

[14] Blake, R.R. and Mouton, J.S. (1981). The New Managerial Grid. 4th ed. Houston: Gulf Publishing Company.

[15] Hersey, P. & Blanchard, K.H. (1977). The Management of Organizational Behaviour(8th ed.). Upper Saddle River, NJ: Prentice Hall.

[16] 황사빈 & 한국노동경제교육원. (2010). 경영학 개론.

[17] Bass, B. (1990) .Bass and Stodgill's Handbook of Leadership: Theory, Research and Managerial Applications (3rd de). New York: Free Press.

[18] R. Flin and S. Yule. (2004) Leadership for Safety: industrial experience

[19] Value Capture, LLC. (2020). Lasting Impact: Leaders Share Lessons From Paul H. O'Neill, Sr. 중 Paul O'Neill's Path의 내용에서 요약함

[20] Value Capture, LLC. (2020). Lasting Impact: Leaders Share Lessons From Paul H. O'Neill, Sr. 중 알코아 재직 기간 폴 오닐의 성과임

[21] Value Capture, LLC. (2020). Lasting Impact: Leaders Share Lessons From Paul H. O'Neill, Sr. 내용으로 Rod Wagner가 2019.1.22. "Have We Learned the Alcoa 'Keystone Habit' Lesson?"이라는 제목으로 Forbes에 기재한 내용임

[22] Kjellen, Urban. (1982). An evaluation of safety information systems at six medium-sized and large firms. Journal of Occupational Accidents 3 : 273 – 288.

[23] Oah, S., R. Na, and K. Moon. (2018). The influence of safety climate, safety leadership, workload, and accident experience on risk perception: a study of Korean manufacturing works, Safety and Health at SWork, 9(4): 427-433

[24] 위국환. (2022). 안전 리더십이 안전 문화에 미치는 영향에 관한 연구

[25] 정호준. (2021). 심리적 안전 분위기, 고성과 작업체계, 변혁적 안전 리더십과 안전관리 관행이 안전 분위기와 안전 문화의 매개 작용을 통한 안전 성과에 미치는 영향

[26] Jessie Singer(김승진 옮김). (2024/2024). There are No Accidents(사고는 없다.)

[27] LNS research. (2018). Cultural Transformation: Improve Safety and Operational Performance.

[28] HSE. (2013). Defining EHS Leadership in World-class Organizations. The Camp bell Institute of the National Safety Council

[29] 설문수. (2021). 공공기관의 안전보건 경영 활동이 안전보건 성과에 미치는 영향 등에 관한 연구

[30] Edwin A. Locke. (1968). Toward a Theory of Task Motivation and Incentives Edwin A. Locke. (1990). A Theory of Goal Setting & Task Performance

[31] Gore, A. (1997). Serving the American public: best practices in performance measurement. National Performance Review. 6.

[32] 이윤식. (2007). 우리나라에 있어서 성과관리를 위한 평가의 개선 방안에 관한 연구: 중앙부처 사례를 중심으로, 정책분석평가학회보, 17(3), 5

[33] 황혜신, 윤수재. (2018). 분야별 성과지표 개선 방안 연구 II: 외교 안보 분야를 중심으로, 한국행정연구원

[34] George T. Doran. (1981). Management Review
Robert S. Ruben. (2002). Will the real SMART goals please stand up

[35] OSHA. (2019). Using Leading Indicators to Improve Safety and Health Outcomes

[36] 김대기, 박행배. (2011). 룰 기반 실시간 이벤트 관리를 통한 공급사슬 핵심성과지표 관리시스템에 관한 연구

[37] Hopkins A. (2009). Thinking about process safety indicators. Safety Science 47, 460-465

[38] Judy Agnew, Aubrey Daniels (2015), Developing High-Impact Leading Indicators for Safety

[39] K. Oien, I. B. Utne, RX Tinmannsvik, S. Massaiu. (2010) Bilding Safety Indicators: Part 2 – Application, practices and results, Safety Science 49, 162-171

[40] 영국의 속담을 영국의 경제학자 Goodhart Charles가 1975년 "Problems of Monetary Management: The UK Experience" 논문에서 속담을 핵심 사상으로 표현한 것으로 Goodhart's law라고도 함

[41] K. Oien, I. B. Utne, RX Tinmannsvik, S. Massaiu. (2010). Bilding Safety Indicators: Part 2 – Application, practices and results, Safety Science 49, 162-171

[42] Rhona Flin, Paul O'Connor, Margaret Crichton(박재갑, 신병균, 전해경, 홍성현 옮김). (2008/2019). Safety at the Sharp End: A Guide to Non-Technical Skills(현장의 안전 향상을 이한 비기술적 역량 가이드)

[43] Amy C. Edmondson(최윤영 옮김). (2019/2019). The Fearless Organization(두려움 없는 조직) 나무위치(namu.wiki/w). (2024). 테네리페 참사
신비한 TV 서프라이즈(2023.3.1.19)

[44] 에드거 샤인, 피터 샤인(노승영 옮김, 2021), 리더의 질문법에서 발췌

[45] Ronny Lardner. (1996). Effective Shift Handover: A Literature Review

[46] Amy C. Edmondson(최윤영 옮김). (2019/2019). The Fearless Organization(두려움 없는 조직)

[47] Paul Slovic(이영애 옮김). (2000/2008). The Perception of Risk(일반인을 위함 위험판단 심리학)

[48] Holene Joffe. (1999). Risk and 'the Other'(위험사회와 타자의 논리, 2002, 박종연·박해광 옮김)

[49] NOPSEMA. (2015). Guidance note: ALARP

[50] Frank E. Bird, et. (1996). Loss Control Management

[51] Michele Wucker(이주만 옮김). (2016/2016). The Gray Rhino(회색 코뿔소가 온다)에서 회색 코뿔소는 위험 신호를 일부러 무시하고, 위기에 미리 대응하지 않는 태도를 당연시하고 이를 부추기는 시스템 때문에 발생한다고 주장했다.

[52] David Borys, Dennis Else, Susan Leggett. (2009). The fifth age of safety: The adaptive age

[53] 히타무라 요타로, 아베 세이지, 후치가미 마사오(김해창, 노익환, 류시현 옮김). (2015). 안전 신화의 붕괴

[54] 히타무라 요타로, 아베 세이지, 후치가미 마사오(김해창, 노익환, 류시현 옮김). (2015). 안전 신화의 붕괴

[55] Uriel Haran, Don Moore. (2014). A Better Way to Forecast

[56] 김상욱. (2018). "시스템 사고와 창의"에서 System Thinking의 3대 요건 중 하나를 '통합적 사고'로 보았다.

[57] 히타무라 요타로, 아베 세이지, 후치가미 마사오(김해창, 노익환, 류시현 옮김). (2015). 안전 신화의 붕괴

[58] Susan J. Ashford(김정혜 옮김). (2021). The Power of Flexing(유연함의 힘)

[59] 에이미 에드먼슨(최윤영 옮김). (2019). "두려운 없는 조직"에서 재인용한 것으로 변동성(Volatility), 불확실성(Uncertainty), 복잡성(Complexity), 모호성(Ambiguity)으로 미국 육군대학원에서 처음 사용한 용어라고 하였다.

[60] 위키백과. (2024). 평택 ooo 제빵공장 끼임 사망사고

[61] Oliver Oullier. (2013). Behavioral Finance and Beyond: Perspectives(special edition on asset allocation by risk factor)

[62] Richard I. Arends. (1994). Learning to Teach

[63] ISRS Ensure the health of key processes, www.dnv.com, 2023.1

[64] 송석진. (2022). "공기업 안전 문화의 영향과 구성원의 안전수준 인식에 관한 연구"

논문에서 인용하거나 재편집하였다.

[65] 한국산업안전보건공단. (2023). 공공기관 경영평가 편람

[66] 송석진(2022) 논문 내용 중 '안전 활동 수준 평가'를 받는 20개 공공기관 2,067명을 대상으로 하는 13개 항목 '안전 인식' 조사에서 평가제도 도입 이후 모든 항목에서 좋아지고 있는 것으로 확인하였다.

[67] 기획재정부. (2023). 2023년도 공공기관 안전관리 등급 심사 편람

[68] 기획재정부. (2023). 2023년도 공공기관 안전관리 등급 심사 편람

[69] 한국산업안전보건공단. (2023). 2023 새로운 위험성 평가 안내서

[70] 관계 부처 합동. (2022). 산업안전 선진국으로 도약하기 위한 중대재해 감축 로드맵

[71] Nancy G. Leveson. (2011). Engineering a Safer World

[72] DOE. (2012). 시스템적 사고 원인 조사 방법

[73] 한겨레(hani.co.kr.). 중대재해 단죄 하세월…기소까지 최대 666일(2024.2.27.)

[74] Jens Rasmussen et. (2000). Proactive Risk Management in a Dynamic Society

[75] 도진환. (2020). 외국인 근로자의 융ㆍ복합적 문제점 및 제안

[76] 이관형ㆍ조흠학ㆍ유기호. (2012). 우리나라 전체 근로자와 외국인 근로자의 산업재해율과 사망만인율 비교 연구

[77] 대한민국 비자 포털(viga.go.kr. 2024)

[78] 법무부와 통계청(2024)의 "23년 이민자 체류 실태 및 고용 조사"를 기반으로 하는 고용노동부 등 관계 부처 합동 "외국인 근로자 및 소규모 사업장 안전 강화 대책"의 내용

[79] Saloniemi, A., & Oksanen, H. (1998). Accidents and fatal accidents-some paradoxes, Safety Science 29

[80] 법무부와 통계청(2024)의 "23년 이민자 체류 실태 및 고용 조사"를 기반으로 하는 고용노동부 등 관계 부처 합동 "외국인 근로자 및 소규모 사업장 안전 강화 대책"의 내용

[81] 강민주. (2019). 외국인 근로자의 산업재해와 실질적 균등대우

[82] 정진우. (2016). 외국인 근로자의 산업안전 보건 강화방안에 관한 연구

[83] 강민주. (2019). 외국인 근로자의 산업재해와 실질적 균등대우

[84] 법무부와 통계청(2024)의 "23년 이민자 체류 실태 및 고용 조사"를 기반으로 하는 고용노동부 등 관계 부처 합동 "외국인 근로자 및 소규모 사업장 안전 강화 대책"의 내용

[85] 강민주. (2019). 외국인 근로자의 산업재해와 실질적 균등대우

[86] James Reason(백주현 옮김). (1997/2014). Managing the Risks of Organizational Accidents (인재는 이제 그만)

[87] 고용노동부 자료에 따르면 산업안전감독관 수가 2017년 448명 정원에서 2022년 806명 정원 증가했다.

[88] Nancy G. Leveson. (2011). Engineering a Safer World

[89] Steven I. Simon. (1999). On the Future of the Safety Profession의 내용을 재편집

안전관리의 시대

초판인쇄 2025년 6월 27일
초판발행 2025년 6월 27일

지 은 이   송석진
펴 낸 이   채종준
펴 낸 곳   한국학술정보(주)
주   소   경기도 파주시 회동길 230(문발동)
전   화   031-908-3181(대표)
팩   스   031-908-3189
투고문의   ksibook1@kstudy.com
등   록   제일산-115호(2000. 6. 19)

ISBN   979-11-7457-039-0 13500